市政工程装配式建造丛书

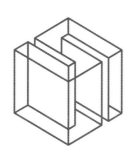

装配式综合管廊
工程技术指南

安关峰　王恒栋　主编

U0223899

中国建筑工业出版社

图书在版编目（CIP）数据

装配式综合管廊工程技术指南 / 安关峰，王恒栋主编 . -- 北京：中国建筑工业出版社，2024.5. --（市政工程装配式建造丛书）. -- ISBN 978-7-112-29913-3

Ⅰ. TU990.3-62

中国国家版本馆 CIP 数据核字第 2024SV0298 号

责任编辑：李玲洁
书籍设计：锋尚设计
责任校对：张惠雯

市政工程装配式建造丛书

装配式综合管廊工程技术指南

安关峰　王恒栋　主编
*
中国建筑工业出版社出版、发行（北京海淀三里河路 9 号）
各地新华书店、建筑书店经销
北京锋尚制版有限公司制版
北京君升印刷有限公司印刷
*
开本：787 毫米×1092 毫米　1/16　印张：14½　字数：309 千字
2024 年 6 月第一版　　2024 年 6 月第一次印刷
定价：**60.00** 元
ISBN 978-7-112-29913-3
　　（42888）

编　委　会

主　　编：　安关峰　王恒栋
副主编：　李　波　强　健　徐志俊
参　　编：　王　谭　劳伟康　陈位洪　李建明　过　勇
　　　　　　王晓璜　李六连　康明睿　仲崇军　谭　琳
　　　　　　叶灏桁　周炜峙　余汉国　庄　壹　徐德意
　　　　　　陆文胜　李志劲　丁俊翔　何德华　陈古龙
　　　　　　张　皓　平　洋　周　成　李　萍　蒙子潮

主编单位：　广州市市政集团有限公司
　　　　　　上海市政工程设计研究总院（集团）有限公司

参编单位：　北京市市政工程设计研究总院有限公司
　　　　　　广东省建筑设计研究院有限公司
　　　　　　广州市市政工程机械施工有限公司
　　　　　　广州市第二市政工程有限公司
　　　　　　广州市第三市政工程有限公司
　　　　　　中国建筑第二工程局有限公司

前　言

目前我国综合管廊的建设施工中，除特殊需求采用盾构法和顶管法之外，大部分工程均采用明挖现浇工法进行建造，但该类工法也存在较为明显的缺点，如施工周期长、人工需求量大、施工现场环保压力大、安全风险大等，无法满足"四节一环保"的绿色建造要求。明挖装配式综合管廊技术很好地解决了上述缺点和不足，其主要构件在工厂预制，主体结构在现场拼装成型，整个建造过程可显著减少现场作业，减少人工、减少污染、降低成本，从而实现绿色建造的目标。《国务院办公厅关于推进城市地下综合管廊建设的指导意见》(国发办〔2015〕61号）明确指出："推进地下综合管廊主体结构构件标准化，积极推广应用预制拼装技术，提高工程质量和安全水平，同时有效带动工业构件生产、施工设备制造等相关产业发展。"因此明挖装配式综合管廊技术已越来越多地在管廊项目上得到应用。

查阅近年来有关装配式综合管廊的公开成果，可以看到关于装配式综合管廊的有关定义是比较混乱的，这对于技术研发、推广应用和相关标准的制订等产生一系列不利影响。本书结合广州市市政集团有限公司主编的现行地方标准广东省《装配式综合管廊施工及验收标准》DBJ/T 15—254、中国市政工程协会的现行团体标准《节段预制装配综合管廊施工及验收标准》T/CMEA 6等，将明挖装配式综合管廊按照施工方法的不同，细分为节段预制管廊、叠合预制管廊、分块预制管廊等，以便分类介绍其各自特点。

广州市市政集团有限公司和上海市政工程设计研究总院（集团）有限公司作为本书的主编单位，联合各参编单位，总结装配式综合管廊在设计、施工、研发方面的成果及典型工程案例，编制了《装配式综合管廊工程技术指南》。本书的编制和出版旨在推动装配式综合管廊的应用和发展，为今后装配式综合管廊项目的建设起到一定的指导和借鉴作用。

全书由广州市市政集团有限公司汇编、整理，供相关单位和人员参考和借鉴，因时间匆忙和编者水平有限，难免有疏漏和谬误之处，敬请读者批评指正。

目 录

第 3 章
构件生产

第 1 章

概述

1.1 装配式综合管廊的政策环境

　　城市地下管线是重要的城市基础设施，是城市的"生命线"。城市地下管线种类繁多，包括供水、排水、燃气、热力、电力、通信、广播电视、工业8大类20余种管线；管理体制和权属复杂，涉及政府30多个部门。长期以来，我国城市地下管线都是分部门独立开展规划建设的，多采用直埋的形式进行敷设。这种模式不仅造成反复开挖、重复建设等现象，而且引起了翻修困难、管理混乱等问题，更形成了巨大的城市安全隐患。近年来，因管线安全问题而引发的工程事故频发，造成了严重的生命财产损失，同时也对新时期城市"生命线"的安全运营管理提出了更高的要求。城市地下综合管廊是用于集中敷设电力、通信、广播电视、给水、排水、热力、燃气等市政管线的公共隧道。不仅可以逐步消除"马路拉链"（图1.1-1）、"空中蜘蛛网"（图1.1-2），解决管线直埋或架空存在的检修扩容不便、外力破坏、土壤腐蚀、漏损控制、架空影响环境等问

图 1.1-1　"马路拉链"

图 1.1-2　"空中蜘蛛网"

题，而且还可以有效改变市政单位各自为政的现状，通过完善的协调机制与统一的管理平台，将各类城市管线集中管理与维护，增强城市生命线工程的安全，集约高效利用现状土地资源，促进城市地下空间从零散利用型向综合开发型转变，打造紧凑型立体城市。此外，综合管廊具有良好的防灾和抗灾性能，敷设在综合管廊中的管线不会受到台风、地震、火灾等影响。近几年，一些城市在应对台风、内涝等方面，综合管廊的作用已初步显现。住房和城乡建设部城市建设司相关领导指出，综合管廊能有效实现对入廊管线的动态监测，日常检修也变得更加便捷高效，不仅提高了管线安全运行水平，也提升了城市安全保障和灾害应对能力。

综合管廊建设是功在当下、利在千秋的利好工程，具有多方面重要作用。2013 年以来，国家开始逐渐重视综合管廊的综合效益，大力推动综合管廊的建设工作，开始研究并陆续出台"促进综合管廊发展建设"的各种政策文件（表 1.1-1）和技术标准（表 1.1-2），从规划、融资、建设和运营等全方位给出指导政策。

我国近几年出台的综合管廊政策一览表　　　　　表 1.1-1

序号	发布单位	发布时间	文件名称	文件主要内容
1		2013.9	《国务院关于加强城市基础设施建设的意见》（国发〔2013〕36号）	开展城市地下综合管廊试点，用 3 年左右时间，在全国 36 个大中城市全面启动地下综合管廊试点工程；中小城市因地制宜建设一批综合管廊项目。新建道路、城市新区和各类园区地下管网应按照综合管廊模式进行开发建设
2		2014.6	《国务院办公厅关于加强城市地下管线建设管理的指导意见》（国办发〔2014〕27号）	在 36 个大中城市开展地下综合管廊试点工程，探索投融资、建设维护、定价收费、运营管理等模式，提高综合管廊建设管理水平。有关部门要及时总结试点经验，加强对各地综合管廊建设的指导，稳步推进城市地下综合管廊建设
3	国务院	2015.8	《国务院办公厅关于推进城市地下综合管廊建设的指导意见》（国办发〔2015〕61号）	到 2020 年，建成一批具有国际先进水平的地下综合管廊并投入运营，反复开挖地面的"马路拉链"问题明显改善，管线安全水平和防灾抗灾能力明显提升，逐步消除主要街道"蜘蛛网"式架空线，城市地面景观明显好转。推进地下综合管廊主体结构构件标准化，积极推广应用预制拼装技术，提高工程质量和安全水平，同时有效带动工业构件生产、施工设备制造等相关产业发展
4		2016.2	《中共中央 国务院关于进一步加强城市规划建设管理工作的若干意见》（中发〔2016〕6号）	各城市要综合考虑城市发展远景，按照先规划、后建设的原则，编制地下综合管廊建设专项规划，在年度建设计划中优先安排，并预留和控制地下空间。完善管理制度，确保管廊正常运行
5		2017	政府工作报告	2017 年工作总体部署：统筹城市地上地下建设，再开工建设城市地下综合管廊 2000km 以上，使城市既有"面子"、更有"里子"
6		2018	政府工作报告	2018 年政府工作的建议：加强排涝管网、地下综合管廊等建设

续表

序号	发布单位	发布时间	文件名称	文件主要内容
7	国务院	2018.1	《中共中央办公厅国务院关于推进城市安全发展的意见》	有序推进城市地下管网依据规划采取综合管廊模式进行建设。加强城市交通、供水、排水防涝、供热、供气和污水、污泥、垃圾处理等基础设施建设、运营过程中的安全监督管理，严格落实安全防范措施
8		2021.3	《中华人民共和国国民经济和社会发展第十四个五年规划和2035年远景目标纲要》	统筹推进传统基础设施和新型基础设施建设，打造系统完备、高效实用、智能绿色、安全可靠的现代化基础设施体系。虽未明确提出综合管廊建设，但在25个试点城市所提出的"十四五"规划中，大部分要求积极扩大对综合管廊的投资和建设
9		2022.4	中央财经委员会第十一次会议	推进地下管网、综合管廊等基础设施建设
10		2022.5	国务院常务会议	优化审批，新开工地下综合管廊项目；要结合已部署的城市老旧管网改造，推进地下综合管廊建设
11		2022	政府工作报告	继续推进地下综合管廊建设
12	住房和城乡建设部、国家发展改革委	2015.4	住房和城乡建设部部长陈政高在全国城市地下综合管廊规划建设培训班作重要讲话	城市地下综合管廊建设在国际上是一条成功的道路。综合管廊建设的意义在于充分地利用地下空间，节省投资，对拉动经济发展、改变城市面貌、保障城市安全都具有不可估量的重要作用
13		2015.5	《城市地下综合管廊工程规划编制指引》（建城〔2015〕70号）	做好城市地下综合管廊工程规划建设工作
14		2015.6	《城市综合管廊工程投资估算指标（试行）》（建标〔2015〕85号）	合理确定和控制城市综合管廊工程投资，满足城市综合管廊工程编制项目建议书和可行性研究报告投资估算的需要推进城市综合管廊工程建设
15		2015.11	《关于城市地下综合管廊实行有偿使用制度的指导意见》（发改价格〔2015〕2754号）	建立主要由市场形成价格的机制
16		2016.5	《住房城乡建设部、国家能源局关于推进电力管线纳入城市地下综合管廊的意见》（建城〔2016〕98号）	为提高电力等管线运行的可靠性、安全性和使用寿命，要求电力等管线纳入管廊
17		2016.7	《住房城乡建设部关于提高城市排水防涝能力推进城市地下管廊建设的通知》（建城〔2016〕174号）	严格按照国家标准《室外排水设计规范》确定的内涝防治标准，将城市排水防涝与城市地下综合管廊、海绵城市建设协同推进
18		2017.7	《住房城乡建设部、国家发改委全国城市市政基础设施建设"十三五"规划》	有序开展综合管廊建设，解决"马路拉链"问题，在城市新区、各类园区和成片开发区域，新建道路必须同步建设地下综合管廊。老城区因地制宜推动综合管廊建设，逐步提高综合管廊配建率。规划建设地下综合管廊的区域，所有管线必须入廊

续表

序号	发布单位	发布时间	文件名称	文件主要内容
19	住房和城乡建设部、国家发展改革委	2019.6	住房和城乡建设部办公厅印发《城市地下综合管廊建设规划技术导则》	指导各地进一步提高城市地下综合管廊建设规划编制水平，因地制宜推进城市地下综合管廊建设
20		2022.7	《"十四五"全国城市基础设施建设规划》	因地制宜推进地下综合管廊系统建设，提高管线建设体系化水平和安全运行保障能力，在城市老旧管网改造等工作中协同推进综合管廊建设，在城市新区根据功能需求积极发展干、支线管廊，合理布局管廊系统，加强市政基础设施体系化建设，促进城市地下设施之间竖向分层布局、横向紧密衔接
21	国务院、住房和城乡建设部	2017	《国务院办公厅关于促进建筑业持续健康发展的意见》(国办发〔2017〕19号)	推进建筑产业现代化，大力推广智能和装配式建筑，推动建造方式创新；提升建筑设计水平，加强技术研发应用，完善工程建设标准
22		2016.9	《国务院办公厅关于大力发展装配式建筑的指导意见》(国办发〔2016〕71号)	节约资源能源、减少施工污染、提升劳动生产效率和质量安全水平，积极探索发展装配式建筑
23		2017.3	住房和城乡建设部关于印发《"十三五"装配式建筑行动方案》《装配式建筑示范城市管理办法》《装配式建筑产业基地管理办法》的通知	到2020年，全国装配式建筑占新建建筑的比例达到15%以上，其中重点推进地区达到20%以上，积极推进地区达到15%以上，鼓励推进地区达到10%以上；培育50个以上装配式建筑示范城市，200个以上装配式建筑产业基地，500个以上装配式建筑示范工程，建设30个以上装配式建筑科技创新基地
24		2018	住房和城乡建设部发布《装配式建筑评价标准》	将装配式建筑作为最终产品，根据系统性的指标体系进行综合打分把装配率作为考量标准
25		2022.1	住房和城乡建设部印发《"十四五"建筑业发展规划》	到2025年，装配式建筑占新建建筑的比例达30%以上；新建建筑施工现场建筑垃圾排放量控制在每万平方米300t以下，建筑废弃物处理和再利用的市场机制初步形成，建设一批绿色建造示范工程
26		2023.7	住房和城乡建设部发布《装配式建筑工程投资估算指标》(建标〔2023〕46号)	推进装配式建筑发展，满足装配式建筑投资估算需要

城市综合管廊现行标准汇总表　　　　　　　表 1.1-2

序号	类型	标准名称	适用范围
1	现行国家标准	《城市综合管廊工程技术规范》GB 50838	适用于新建、扩建、改建城市综合管廊工程的规划、设计、施工及验收、维护管理
2		《城镇综合管廊监控与报警系统工程技术标准》GB/T 51274	适用于新建、扩建、改建的城镇综合管廊监控与报警系统工程的设计、施工及验收、维护
3		《城市地下综合管廊运行维护及安全技术标准》GB 51354	适用于城市地下综合管廊本体、附属设施及入廊管线的运行、维护和安全管理

续表

序号	类型	标准名称	适用范围
4	现行国家标准	《城市综合管廊运营服务规范》GB/T 38550	适用于城市综合管廊日常运营服务和管理
5		《城市综合管廊标识设置规范》GB/T 43239	适用于城市综合管廊工程的标识设置与管理
6	现行地方标准	广州市《城市综合管廊工程施工及验收规范》DB4401/T 3	适用于广州市新建、扩建和改建城市综合管廊工程施工及验收
7		广东省《城市综合管廊工程技术规范》DBJ/T 15—188	适用于广东省新建、扩建、改建城市综合管廊工程的规划、设计、施工、检测与监测、验收及维护管理
8		广东省《装配式综合管廊施工及验收标准》DBJ/T 15—254	适用于广东省装配式钢筋混凝土综合管廊施工及验收
9		上海市《综合管廊工程技术规范》DGJ 08—2017	适用于上海市新建、扩建、改建的综合管廊工程
10		京津冀《城市综合管廊工程设计规范》DB11/1505、DB29—238、DB13（J）8528	适用于京津冀行政区域内新建、改建和扩建城市综合管廊工程的规划与设计
11		上海市《城市综合管廊维护技术规程》DG/TJ 08—2168	适用于上海市市域内城市综合管廊设施的养护维修
12		吉林省《装配式混凝土综合管廊工程技术规程》DB22/JT 158	适用于吉林省新建、扩建、改建装配式混凝土综合管廊工程的规划、设计、施工及验收等
13		《深圳市地下综合管廊工程技术规程》SJG 32	适用于深圳市新建、扩建、改建城市综合管廊工程的规划、勘察、设计、施工及验收、维护管理。山岭隧道式综合管廊工程可参照本规程执行
14		浙江省《城市地下综合管廊工程设计规范》DB33/T 1148	适用于浙江省城市地下综合管廊工程的设计
15		山东省《节段式预制拼装综合管廊工程技术规程》DB37/T 5119	适用山东省行政区域内节段式预制拼装综合管廊工程建设
16		山东省《城市地下综合管廊工程设计规范》DB37/T 5109	适用于山东省范围内新建、扩建、改建的城市工程管线采用综合管廊敷设方式的工程，适用于综合管廊工程的规划、设计、施工、验收及维护管理
17		北京市《城市综合管廊工程施工及质量验收规范》DB11/T 1630	适用于新建、扩建、改建综合管廊工程的施工及质量验收

续表

序号	类型	标准名称	适用范围
18		吉林省《城市综合管廊检测与监测技术标准》DB22/T 5024	适用于新建、扩建、改建城市综合管廊建设期和运营期的检测与监测工作
19		宁夏回族自治区《城市综合管廊工程技术标准》DB64/T 1645	适用于宁夏回族自治区综合管廊工程的规划、设计、施工及验收、维护管理
20		江苏省《综合管廊矩形顶管工程技术标准》DB32/T 3913	适用于采用土压平衡式矩形顶管法施工的城市地下综合管廊工程的勘察、设计、施工和验收
21		湖北省《城市综合管廊结构安全自动监测设计规程》DB42/T 1604	适用于湖北省行政区划内的新建、扩建城市综合管廊本体结构在使用期间的安全监测系统设计
22		安徽省《综合管廊运维数据规程》DB34/T 3750	适用于安徽省综合管廊新建、改建、扩建工程的相关数据管理
23	现行地方标准	山东省《钢筋混凝土综合管廊工程施工质量验收标准》DB37/T 5172	适用于山东省行政区域内钢筋混凝土综合管廊工程施工质量检验和验收
24		安徽省《城镇综合管廊施工与质量验收规程》DB34/T 3836	适用于安徽省城镇综合管廊新建、扩建、改建工程的施工与质量验收
25		北京市《既有居住区综合管廊工程施工技术规程》DB11/T 1974	适用于既有居住区新建、改建和扩建综合管廊工程施工
26		安徽省《综合管廊运行维护技术规程》DB34/T 4288	适用于综合管廊设施的运行维护管理
27		湖北省《预制装配式城市综合管廊工程技术规程》DB42/T 1889	适用于湖北省混凝土节段预制拼装、分片预制拼装、预制叠合等结构类型的预制装配式城市综合管廊工程及其预制混凝土构件的设计、生产运输、安装施工、检验验收。顶管、盾构及其他暗挖形式的预制混凝土管廊、钢结构预制装配式综合管廊等不在本文件范围内
28		江苏省《城市综合管廊运行维护技术规程》DB32/T 4499	适用于江苏省城市综合管廊本体和附属设施的运行、维护和管理
29	中国工程建设标准化协会现行团体标准	《波纹钢综合管廊结构技术标准》T/CECS 883	适用于采用明挖方式新建、扩建、改建波纹钢综合管廊的设计、施工、验收与维护管理
30		《城市综合管廊施工及验收规程》T/CECS 895	适用于新建、扩建、改建城市综合管廊的土建、附属设施及入廊管线工程的施工及验收
31		《地下综合管廊混凝土工程检测评定标准》T/CECS 934	适用于新建、扩建、改造及既有地下综合管廊混凝土工程的检测评定

序号	类型	标准名称	适用范围
32	中国工程建设标准化协会现行团体标准	《装配式钢结构地下综合管廊工程技术规程》T/CECS 977	适用于装配式钢结构地下综合管廊工程的设计、施工、验收和维护等，城市地下通道工程、排水箱涵工程以及公路涵洞、通道、通道式桥梁工程也可按本规程执行
33		《城市综合管廊技术状况评价标准》T/CECS 1039	适用于既有干、支线城市综合管廊主体结构、附属构筑物及附属设施的技术状况评价
34		《综合管廊信息模型交付标准》T/CECS 1126	适用于综合管廊新建、改建、扩建工程信息模型的创建与交付，以及各参与方基于模型的信息传递
35		《综合管廊与地下基础设施整合设计标准》T/CECS 1223	适用于综合管廊与地下基础设施的整合设计
36		《城市综合管廊岩土工程勘察标准》T/CECS 1324	适用于城市综合管廊工程的岩土工程勘察
37		《城市综合管廊工程质量检测技术规程》T/CECS 1382	适用于新建、改建、扩建城市综合管廊工程检测

2015年8月10日，国务院办公厅《关于推进城市地下综合管廊建设的指导意见》（国办发〔2015〕61号）提出全面贯彻落实党的十八大和十八届二中、三中、四中全会精神，推动地下综合管廊建设，统筹各类市政管线规划，到2020年，建成一批具有国际先进水平的地下综合管廊并投入运营。2016年2月6日，中共中央、国务院《关于进一步加强城市规划建设管理工作的若干意见》（中发〔2016〕6号）指出，城市新区、各类园区、成片开发区域新建道路必须同步建设地下综合管廊，老城区要结合地铁建设、河道治理、道路整治、旧城更新、棚户区改造等，逐步推进地下综合管廊建设。2016年8月16日，住房和城乡建设部《关于提高城市排水防涝能力推进城市地下综合管廊建设的通知》（建城〔2016〕174号）指出，将城市排水防涝与城市地下综合管廊、海绵城市建设协同推进，坚持自然与人工相结合、地上与地下相结合，充分发挥管廊对降雨的收排、适度调蓄功能。

2017年5月17日，由住房和城乡建设部、国家发展改革委组织编制的《全国城市市政基础设施规划建设"十三五"规划》确定12项市政基础设施重点工程，规划要求在城市新区、各类园区和成片开发区域，新建道路必须同步建设地下综合管廊，老城区因地制宜推动综合管廊建设，逐步提高综合管廊配建率。2018年1月，中共中央办公厅国务院办公厅印发《关于推进城市安全发展的意见》指出，有序推进城市地下管网依据规划采取综合管廊模式进行建设，强化与市政设施配套的安全设施建设，及时进行更换和升级改造，强化城市安全发展。2019年6月，住房和城乡建设部办公厅印发《城市地下综合管廊建设规划技术导则》，指导各地进一步提高城市地下综合管廊建设规划编制水平，因地制宜推进城市地下综合管廊建设。经过"十三五"期间的重点发展，我国地下综合管廊已初具规模。地下综合管廊是"十三五"的政策重点方向，根据数据显示，2020 年我国城市地下综合管廊总长度达到 6151km（图 1.1-3）；2020 年我国县城地下综合管廊总长度达到 1041km（图 1.1-4）。

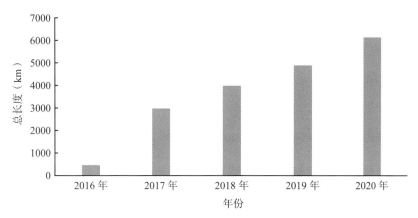

图 1.1-3　2016～2020 年我国城市地下综合管廊总长度情况

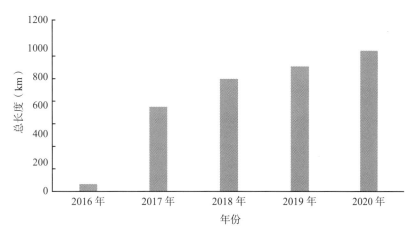

图 1.1-4　2016～2020 年我国县城地下综合管廊总长度情况

2021 年 3 月，《中华人民共和国国民经济和社会发展第十四个五年规划和 2035 年远景目标纲要》单行本出版，在包头、沈阳、十堰、哈尔滨、苏州、长沙、广州、六盘水、青岛、郑州、南宁、成都、杭州等 25 个试点城市所提出的"十四五"规划中，大部分要求继续积极扩大对综合管廊的投资和建设，拉动地下管网行业发展。2022 年政府工作报告、2022 年 4 月 26 日中央财经会议均指出继续推进地下综合管廊建设，优化审批，新开工地下综合管廊项目。2022 年 7 月 7 日，住房和城乡建设部联合国家发展改革委发布实施《"十四五"全国城市基础设施建设规划》，规划提出因地制宜推进地下综合管廊系统建设，提高管线建设体系化水平和安全运行保障能力，在城市老旧管网改造等工作中协同推进综合管廊建设，在城市新区根据功能需求积极发展干、支线管廊，合理布局管廊系统，加强市政基础设施体系化建设，促进城市地下设施之间竖向分层布局、横向紧密衔接。可见，地下管廊建设在"十四五"期间仍将持续向前推进。

1.2　装配式综合管廊的发展现状

1958 年，我国在北京天安门广场下修建了长约 1.076km 的综合管道，断面为长方形，宽 3.5～5.0m，高 2.3～5.0m，埋深 7.0～8.0m，是我国第一条综合管廊。1994 年建成的上海浦东张杨路综合管廊，总长度 11.125km，被称为"中华第一沟"，收纳了给水、电力、通信、燃气 4 种管线，配套较为齐全的安全设施和中央计算机管理系统。张杨路综合管廊在实际运行时，由于安全方面的担忧，敷设的燃气管并没有真正投入使用。我国综合管廊的建设起步较晚，仅在一些经济发达的城市和新区有所建设（表 1.2-1）。

部分综合管廊案例　　　　　　　　　　　　表 1.2-1

序号	项目名称	地点	长度（km）	建设情况
1	北京天安门广场综合管廊	北京	1.076	1958 年，国内修建了真正意义上的第一条综合管廊，廊内管线包括：热力、电力、电信、给水管线
2	北京中关村西区综合管廊	北京	1.9	2005 年建成，采用五舱结构，断面 12.5m×2.2m，燃气、通信、给水、电力、热力管线独立分舱
3	上海世博园综合管廊	上海	6.4	我国第一条采用国际标准、首次预制拼装建设的综合管廊工程
4	深圳大梅沙—盐田坳综合管廊	深圳	2.666	深圳市第一条综合管廊，于 2005 年全线贯通并投入使用。综合管廊内安装有 DN600 普压给水管、DN500 压力污水管、D426×10LNG 高压输气管、6 个电缆层架及照明、监控电缆等市政管线，管廊采用半圆城门拱形断面，高 2.85m，宽 2.4m，工程总投资 3700 万元
5	北京未来科技城综合管廊	北京	3.9	2013 年建成，管廊断面 14.2m×2.9m，廊内管线包括：给水、再生水、通信、热力、电力管线等
6	珠海横琴新区地下综合管廊	珠海	33.4	横琴综合管廊有一舱、两舱和三舱 3 种类型，其中一舱综合管廊 7.8km，两舱综合管廊 19km，三舱综合管廊 6.6km，入廊管线包括：给水、中水、通信、220kV 电力电缆、冷凝水管、垃圾真空管 6 类管线，并预留了远期市政管线管位
7	厦门湖边水库市政综合管廊	厦门	5.2	采用双橡胶圈承插式预制拼装工艺，为国内最早采用该工艺的管廊。入廊管线包括：10kV 电力、有线电视、通信、给水、110kV 及以上电力

续表

序号	项目名称	地点	长度（km）	建设情况
8	厦门集美新城核心区综合管廊	厦门	7.85	采用矩形节段胶结＋纵向预应力拼装工艺，为国内首创；与车行下穿通道合建，集约利用地下空间。入廊管线包括：10kV 电力、有线电视、通信、给水、110kV 及以上电力，部分路段纳入雨水、污水
9	匀杨大道及环东路地下综合管廊工程	都匀	5.5	管廊断面 3.3m×3.3m
10	长沙市地下综合管廊试点建设 PPP 项目（第一批）	长沙	25.485	包括单舱管廊、双舱管廊、三舱管廊、四舱管廊及多舱管廊
11	武汉地铁 7 号线三阳路长江隧道工程	武汉	4.66	国内最大直径（15.76m）的盾构法隧道，车行道下方设置电缆廊道
12	广州大学城综合管廊	广州	18	2003 年建成，广东省第一条综合管廊，主要为单舱、两舱综合管廊，是目前国内单条距离最长、规模最大、体系最完整的一条综合管廊，管廊收纳的管线主要包括给水、通信、电力电缆、集中供冷、热管、燃气、中水等地下管线
13	广州天河智慧城综合管廊	广州	19.4	主要为单舱、两舱、三舱、四舱综合管廊，单个预制构件起重量达到 48.12t

从 2015 年以来，随着全国掀起的新一轮城市建设热潮，越来越多的大中城市着手综合管廊建设的试验和规划，如广州、北京、上海、昆明、深圳、重庆、南京、济南、沈阳、福州、郑州、青岛、威海、大连、厦门、大同、嘉兴、衢州、连云港、佳木斯等（图 1.2-1 ~ 图 1.2-6）。然而，我国部分城市在市政建设中开展的地下综合管廊技术设计，基本借鉴日本 20 世纪 80 年代的早期综合管廊技术或略加改进，早期混凝土现浇工法依旧在我国各大城市广泛采用，模块化的预制拼装综合管廊技术的应用不够广泛，不符合我国现代化城市功能的可持续发展需求，降低了城市的韧性。据不完全统计，截至 2022 年 6 月底，全国 279 个城市、104 个县，累计开工建设管廊项目 1647 个、长度 5902km，形成廊体 3997km，共计建设 7500km（图 1.2-7）。

目前，我国和国外综合管廊的建设发展还存在较大差距，主要体现在建设规模、建设技术等方面，具体见表 1.2-2。

图 1.2-1 上海世博园综合管廊

图 1.2-2 青岛高新区综合管廊

图 1.2-3 广州大学城综合管廊

图 1.2-4　珠海横琴新区地下综合管廊

图 1.2-5　北京中关村西区综合管廊

图 1.2-6　上海张杨路综合管廊

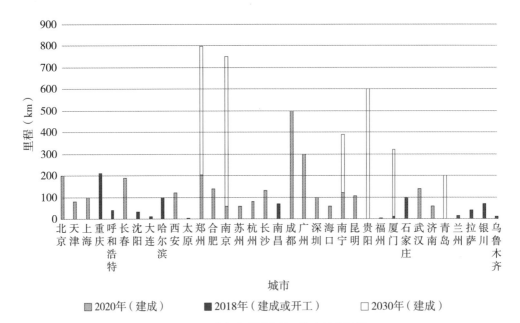

■2020年（建成）　■2018年（建成或开工）　□2030年（建成）

图 1.2-7　国内主要城市地下综合管廊里程

我国综合管廊发展现状与国际综合管廊发展情况对比　　表 1.2-2

对比内容		国际	国内
建设规模		西方发达国家中的规模较大，系统发展完善，使用率较高	国内目前已建综合管廊的规模还较小，城市地下综合管廊潜在的市场规模还很大。我国综合管廊入廊使用率不足 20%
建设技术	规划技术	准确地预测管线的未来需求量，使地下综合管廊在规划寿命期内能满足服务区域内的管线需求。在推定未来需求量时，充分考虑社会经济发展的动向、城市的特性和发展的趋势	现在我国直埋地下管线分属不同的政府部门，由于信息共享不及时、不对等等原因，常造成市政管线的重复建设和投资浪费。而且随着城市基础设施的不断更新和完善，对地下空间的利用越来越多，规划管理上的落后已经制约城市的发展，成为可持续发展的瓶颈
	设计技术	国外发达国家都有相关的设计规范，已形成比较成熟的技术流程	国内相关规范还不完善，在实践中都是借鉴国外的技术。但是，由于各个国家之间在管线特性、施工技术、材料性能以及地质条件等方面都存在差异，因此在设计上还要按照我国的现状特点，研究制定相关设计规范以实现对我国地下综合管廊设计的标准化管理

续表

对比内容		国际	国内
建设技术	施工技术	国外地下综合管廊的本体工程施工一般有明挖现浇法、明挖预制拼装法、盾构、顶管等。多为圆形结构和矩形结构，老城区一般采取盾构方式形成圆形断面，埋深较深；新区一般采用明挖方式形成矩形断面，埋深较浅	国内目前多以明挖现浇法为主，因为该施工工法成本较低，虽然其对环境影响较大，但在新城区建设初期采取此工法障碍较小，具有明显的技术经济优势。今后随着地下综合管廊建设的推广，施工工法也会趋于多样化，地下综合管廊与其他地下设施的相互影响也会加大，对施工控制也会逐渐提高要求
	信息化技术	采用"BIM+GIS"三维数字化技术，对现状地下管线、建筑物及周边环境的三维数字化进行建模，形成动态大数据平台。在此基础上，将综合管廊、管线及道路等建设信息输入，以指导综合管廊的设计、施工和后期的运营管理，有效提高地下综合管廊工程的建设和管理水平。此外，国外还使用先进的机器人技术提高管道检修和建设的效率	国内在研究信息化监控方面与国际水平较接近，但也有差距

　　我国综合管廊的建设施工中，除特殊需求采用盾构法和顶管法之外，大部分工程均采用明挖现浇技术（图 1.2-8）进行建造，但该类工法也存在较为明显的缺点，如施工周期长、人工需求量大、施工现场环保压力大、安全风险大等，无法满足"四节一环保"的绿色建造要求。明挖装配式技术（图 1.2-9）很好地解决了上述缺点和不足，其主要构件在工厂预制、主体结构在现场拼装成型，整个建造过程可显著减少现场作业，减少人工、减少污染、降低成本，从而实现绿色建造的目标，明挖装配式技术已越来越多地在管廊项目上得到应用。

图 1.2-8　明挖现浇技术

图 1.2-9　明挖装配式技术

近几年来，国家大力推动建筑业向精细化、工业化、低碳化、数字化转型升级，促进综合管廊向绿色建造方向发展（图 1.2-10），国务院办公厅关于推进城市地下综合管廊建设的指导意见（国办发〔2015〕61 号）明确要求："根据地下综合管廊结构类型、受力条件、使用要求和所处环境等因素，考虑耐久性、可靠性和经济性，科学选择工程材料，主要材料宜采用高性能混凝土和高强钢筋。推进地下综合管廊主体结构构件标准化，积极推广应用预制拼装技术，提高工程质量和安全水平，同时有效带动工业构件生产、施工设备制造等相关产业发展。"《国务院办公厅关于大力发展装配式建筑的指导意见》（国办发〔2016〕71 号）指出按照适用、经济、安全、绿色、美观的要求，推动建造方式创新，大力发展装配式混凝土建筑和钢结构建筑，坚持标准化设计、工厂化生产、装配化施工、一体化装修、信息化管理、智能化应用，提高技术水平和工程质量，促进建筑产业转型升级。《国务院办公厅关于促进建筑业持续健康发展的意见》（国办发〔2017〕19 号）明确要求力争用 10 年左右的时间，使装配式建筑占新建建筑面积的比例达到 30%。住房和城乡建设部《"十三五"装配式建筑行动方案》《装配式建筑示范城市管理办法》和《装配式建筑产业基地管理办法》提出，"十三五"期间，要培育 50 个以上的装配式建筑示范城市、200 个以上装配式建筑产业基地和 500 个以上装配式建筑示范工程，建设 30 个以上装配式建筑科技创新基地。因此，未来几年，装配式建筑示范城市、产业基地等的建设将出现如火如荼的局面。

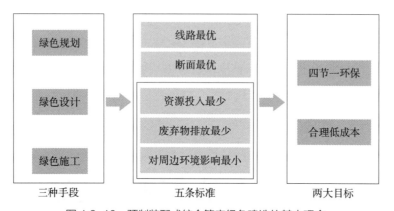

图 1.2-10 预制装配式综合管廊绿色建造的基本理念

1.3 装配式综合管廊类别

目前在工程领域应用最广泛的装配式综合管廊是明挖工法下的钢筋混凝土综合管廊，是由预制管廊构件或部件通过可靠的连接方式拼装而成的管廊结构。查阅近年来有关装配式综合管廊的公开成果，可以看到关于装配式综合管廊的有关定义是比较混乱的。例如，将"预制装配"称为"预制拼装"或"装配式预制"，"节段预制拼装"称为"整舱预制拼装"或"整节段预制拼装"等。为便于交流与使用，明挖装配式地下综合管廊按照施工方法的不同可细分为节段预制管廊、叠合预制管廊、分块预制管廊等。

1.3.1　节段预制管廊

节段预制管廊，是指将综合管廊主要部分分成纵向节段，在工厂或现场预制成型，在工程现场采用承插、预应力筋或螺栓等纵向可靠连接方式拼装成整体的综合管廊。这里的节段是一次制作而成的一段管廊，或预先制作的多个节段构件在横断面上组合而成的一段管廊。

节段预制管廊的节段包括两种情况：第一种是管廊节段全断面预制（图 1.3-1），每一节管廊就是一个预制构件；第二种是管廊节段在横断面分上、下两部分进行预制（图 1.3-2），每部分叫作节段构件，这样每节段管廊由上、下两个节段构件组合而成。考虑到运输和起吊条件，每个管廊节段的长度一般为 2.0 ～ 3.0m。

图 1.3-1　管廊节段全断面预制

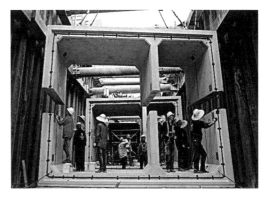

图 1.3-2　管廊节段在横断面分上、下两部分进行预制

对于分上、下两部分进行预制的节段管廊，在预制厂内，先制作节段构件，节段构件为预制管廊的基本制作单元；上节段构件和下节段构件在现场组合成一个完整的节段后，就可与已完成安装的管廊进行纵向装配，节段为节段预制管廊的基本装配单元。

国内有部分管廊工程案例是采用坑内管廊安装车进行节段预制管廊的安装，其优点是预制管廊节段可在某个合适的位置由起重机吊装入基坑，基坑内可用水平运输台车纵向运输管廊节段至管廊安装车位置，管廊安装车再独立完成管廊节段的安装，这样可避开基坑支护内支撑的影响，也可解决拟安装位置起重机无法设置的困难。管廊节段在横断面分上、下两部分进行预制的，上、下节段构件之间的连接可采用高性能 PC 钢棒将上、下节段构件张拉连接（图1.3-3），闭合成节形成完整预制节段。预制管廊拼装的关键在于确保管廊的接头防水效果，接头防水可采用新型防水材料及结构，横向接头可采用企口接头，接头断面中部设置环向止水胶条，竖向拼接可采用两条5mm厚遇水膨胀止水胶带铺贴，安装时被充分挤压以实现止水目的，接缝处内、外侧切欠槽内注入新材料TB高弹性密封胶，实现内、中、外三道防水，防水性能可靠。

图1.3-3　高性能PC钢棒将上、下节段构件张拉连接

1.3.2　叠合预制管廊

叠合预制管廊，是指将综合管廊主要部分拆分为叠合式底板、叠合式侧壁、叠合式中隔墙、叠合式顶板等构件，在工厂或现场预制，在工程现场拼装，叠合部位及连接节点现场浇筑混凝土形成的整体钢筋混凝土综合管廊（图1.3-4）。

图1.3-4　叠合预制管廊

叠合装配技术主要适用于地下工程多层多跨结构预制装配施工。因为叠合整体式预制装配体系的节点处仍以现浇混凝土为主，故具备良好的受力性能、防水性能。

湖南省是首例将叠合预制装配式综合管廊项目大面积应用于实际工程的省份，湖南省长沙市高铁新城劳动东路延长线叠合装配整体式综合管廊工程示范段，采用叠合装配整体式技术：侧墙及中间隔墙为叠合夹心墙，顶板和底板为叠合板，受力钢筋从预制部分伸出，与顶板和底板锚固，预制与现浇有效结合，连接节点可靠，等同于现浇的结构新体系（图 1.3-5～图 1.3-9）。

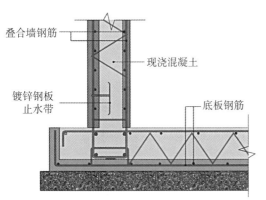

图 1.3-5　侧墙与底板连接节点

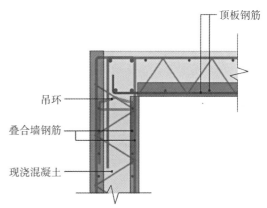

图 1.3-6　侧墙与顶板连接节点

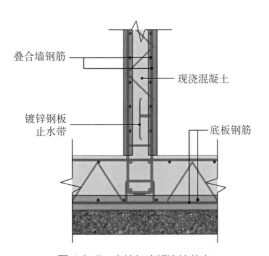

图 1.3-7　中墙与底板连接节点

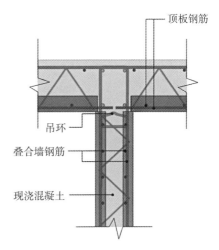

图 1.3-8　中墙与顶板连接节点

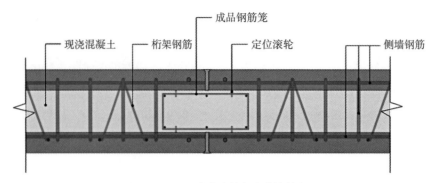

图 1.3-9　叠合夹心墙竖向连接节点

1.3.3　分块预制管廊

分块预制管廊，是指将综合管廊主要部分拆分为底板、侧墙、顶板等构件，在工厂或现场预制，在工程现场进行拼装，通过节点处现浇混凝土或干式连接形成整体的预制装配式综合管廊。

分块预制管廊的拆分设计非常重要，在施工前要对原设计拆分方案进行复核，并提出优化措施，使构件尺寸标准化、模块化，块件的规格尽量少，以多种块件组合的形式满足管廊结构尺寸要求。

国内的分块预制管廊的工程实例不多，管廊节段首先由拆分的分块（顶板、墙板、底板）拼装而成。以国内某分块预制管廊工程为例，该工程管廊在横断面上有 7 块预制分块构件组成，其中包括 2 块预制外墙、3 块预制内墙和 2 块预制顶板，管廊拼装横断面图如图 1.3-10 所示。

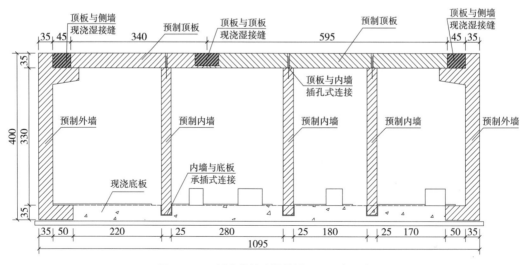

图 1.3-10　某分块管廊拼装横断面图（cm）

1.4　BIM技术在装配式综合管廊中的应用

　　BIM 是建筑信息模型的缩略语，是指在建设工程及设施全生命期内，对其物理和功能特性进行数字化表达，并依此设计、施工、运营的过程和结果的总称。BIM 技术作为数字化转型的核心技术，与其他数字技术融合应用将是推动企业数字化转型升级的核心技术支撑。自 2002 年以来，我国建筑行业掀起了信息化改革大浪潮，政府出台 BIM 标准并出台一系列政策支持其使用，许多大规模的工程开始使用它。BIM 技术作为一项重要技术手段逐渐被建筑行业人士所使用，加快了建筑业产业结构调整、产业链的更新的步伐，在 BIM 的使用过程中，不仅要求各种 BIM 系列软件的配合，同时应满足各种协同设计工作、信息技术集成与共享，所以 BIM 技术在不同的应用领域中可以呈现不同的应用要求与应用特点。

　　城市地下综合管廊属于地下工程，具有施工地质条件复杂、施工难度大、施工成本投入大、涉及专业领域广泛、施工作业面长、安全性要求高等特点，再加上管廊施工过程中存在着与地下原有市政管线冲突、道路及其他地下工程的施工等问题，使得地下综合管廊工程建设面对众多难题。住房和城乡建设部于 2016 年 8 月 23 日发布了《2016—2020 年建筑信息化发展纲要》，其中提出了"重点工程信息化"的战略目标，即大力推进 BIM、GIS 等技术在综合管廊建设中的应用，建立综合管廊集成管理信息系统，逐步形成智能化城市综合管廊运营服务能力。将 BIM 技术应用于综合管廊全生命周期建设，既可以实现可视化管理，有效优化管线排布和施工组织设计方案比选，又可以缩短建设周期，节约成本。

1.4.1　管廊设计阶段

　　在综合管廊和纳入管线设计阶段，引进 BIM 技术对设计成果进行优化，减少设计错误，提高设计质量。综合管廊内部空间狭小，管线的布置又是高度密集，因此对设计质量要求相当高，按照以往传统的设计，势必会出现各种碰撞及设计效率低等问题。将 BIM 技术应用于综合管廊的设计阶段（图 1.4-1、图 1.4-2），利用 BIM 技术可视化、协调性的优势，不仅能提高各专业的组织协调性、提高设计效率，在进行碰撞检测时，更是大大节省时间、减少人力，从而有效解决由于综合管廊内部空间狭窄、管线密集程度高所引起的管线排布碰撞、交叉碰撞、出线难等问题；并且设计过程中从建立的 BIM 三维模型中能够直接输出施工二维图纸，成功将设计师的工作从绘制复杂的二维图转向确保方案的科学性、合理性。

　　基于 BIM 技术的协同设计在城市综合管廊工程项目中，管廊的设计质量和工程的

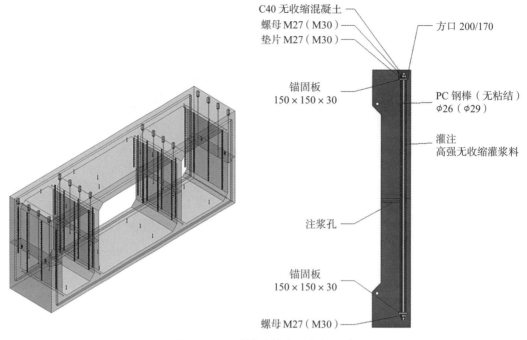

图 1.4-1 预制综合管廊设计（mm）

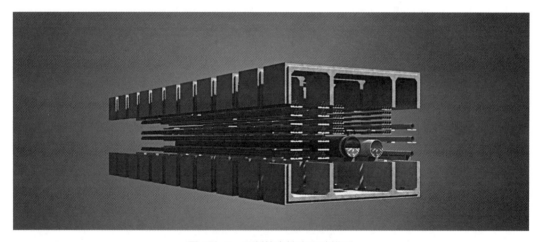

图 1.4-2 预制综合管廊设计模型

效率等方面都有很大程度的提高，这在传统设计方式下是无法想象的，BIM 技术在管廊的设计阶段应用大大提高了项目整体水平。

1.4.2 管廊构件生产阶段

在管廊构件生产阶段（图 1.4-3、图 1.4-4），通过建立构件模型，能够为构件模具的设计提供依据，提高模具设计的精度。并且借助 BIM 技术建立一个信息共享平台，

图 1.4-3　预制综合管廊生产基地

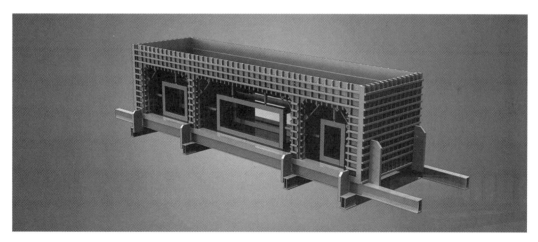

图 1.4-4　预制综合管廊生产模具

将 BIM 模型导入，任意选中一个构件就能查看该构件的基本信息，并能导出二维码，在构件生产过程中，针对每一个构件都贴上各自的二维码或埋植 FRID 芯片，管理人员通过扫描二维码即可知道构件负责人员信息、生产厂家、生产日期、项目名称、构件位置、构件编号等基本信息。

同时，还可以利用 BIM 信息共享平台进行构件生产、存储、运输、吊装等过程的监控。管廊项目包含构件较多，从 BIM 模型上能制定构件的生产次序，以及各单位分别负责构件生产信息、构件存储信息、构件运输信息、构件吊装信息的上传任务，实现所有参与部门和单位在 BIM 信息共享平台能够同时查看各种信息，提升了部门间、单位间的交接效率和工作效率。

1.4.3　管廊施工阶段

BIM 技术具备可视化、可协调、可模拟性和可优化性等优点，在地下综合管廊的施工过程中引入 BIM 技术，对地下综合管廊的施工进行综合、可视化技术交底，提前对项目施工中可能遇到的施工难点和风险进行预判，可以对综合管廊施工过程中重难点问题事前解决（图 1.4-5、图 1.4-6）；同时还可借助 BIM 技术信息化的管理平台，提高城市综合管廊施工安全管理水平。

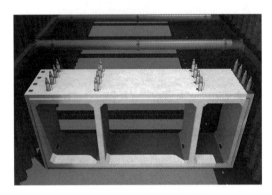

图 1.4-5　预制综合管廊安装　　　　　　　图 1.4-6　预制综合管廊安装车

在城市地下综合管廊的施工阶段应用 BIM 技术，可以发挥 BIM 技术的独特价值；同时，将 BIM 技术应用在管廊施工阶段，有利于 BIM 技术在全寿命周期中的规划设计和运维阶段等其他阶段的应用，实现工程项目信息的数字化传输，使得 BIM 技术在市政工程项目中广泛应用。

在地下管廊施工阶段，可以将 BIM 技术应用在三维场地布置、基坑支护、碰撞检测、算量以及管线吊装。通过三维场地布置把现场情况模拟出来，同时在场地模型完成以后，实际场地需要的材料可以通过 BIM 统计出来，为项目计价提供数据（图 1.4-7）；借助 BIM 技术可以演示综合管廊复杂的基坑支护，方便工程交底，保证施工的正常进行；BIM 软件可以解决管廊工程钢筋算量工作，而且可以复核钢筋尺寸，保证钢筋下料尺寸准确，方便现场安装；利用 BIM 技术的碰撞检测功能不仅可以合理布置管线，还可以对支架、支墩等部件的位置进行调整，以便管线的现场安装（图 1.4-8）；利用 BIM 技术可以模拟管廊管线吊装，找出吊装过程中的碰撞点，完善吊装方案。

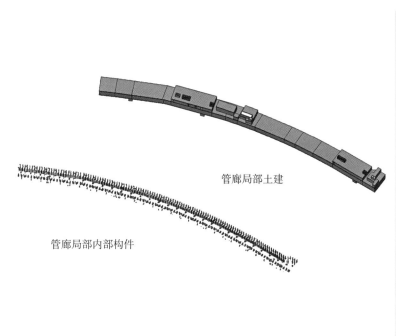

管廊局部标准段工程量统计

类型	单位	数量
墙-250mm	m³	233.34
墙-300mm	m³	360.7
楼板-100mm	m³	108.18
楼板-400mm	m³	1209.87
污水管支墩	个	91
给水管支墩	个	31
吊钩	个	108
天然气舱支架	个	30
天然气管抱箍	个	30
电力舱支架	个	244
电力舱电缆抱箍	个	1220
综合舱支架	个	338
声光报警器	个	12
消防电话	个	5
防爆消防电话	个	1
灭火器箱	个	27
超细干粉灭火罐	个	120
天然气探测器	个	12
手动报警按钮	个	8
防爆手动报警按钮	个	4
单管荧光灯	个	77
防爆单管荧光灯	个	17
单相暗装五孔插座	个	13
防爆插座	个	5
双控开关	个	2
照明按钮	个	12
风机按钮	个	6
逃生指示	个	27
环境检测箱	个	2
防爆环境检测箱	个	1
枪式摄像机	个	8
防爆枪式摄像机	个	4

图 1.4-7 综合管廊工程量统计

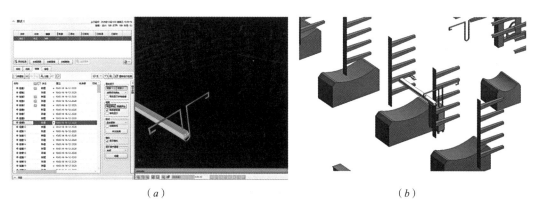

（a）   （b）

图 1.4-8 综合管廊碰撞检查
（a）碰撞检查；（b）碰撞修改后

1.4.4 管廊运营维护阶段

在综合管廊工程竣工后，BIM 技术结合 GIS（地理信息系统）、自动化控制、物联网、大数据、云计算、人工智能等新一代信息技术可实现智慧化管理运维平台，建立一个全面信息化的、可视化、可控制的管廊运行环境（图 1.4-9 ~ 图 1.4-11）。

在 GIS 地图上显示综合管廊的 BIM 模型，精确到各个设备、构件的具体位置与相

图 1.4-9　综合管廊运维中心控制室

图 1.4-10　综合管廊运维管理

图 1.4-11　综合管廊可视化运维管理

关数据信息；又能够随意调取某一监测节点的实时数据，精准定位问题节点，及时处理以防止更严重问题的发生，使运行维护更加可靠，将市政管线布置成为一个可视化、数字化、虚拟化的系统，达到综合管廊的运营维护的高科技管控。结合综合管廊实时监控数据可实现内部环境和管线状态全方位运维管理。

1.4.5　综合管廊工程建筑信息模型（BIM）的交付

综合管廊工程不同于工业、民用建筑工程，具有其自身的特点，其呈带状分布，长度从几百米到几十公里，这与工业、民用建筑位于一个集中的区域有着显著的区别。其次由于与工业、民用建筑工程的内容和属性截然不同，导致建筑编码分类不能涵盖综合管廊工程，从而建筑 BIM 标准不能直接应用于综合管廊工程，并且不能直接照搬工业、民用建筑的 BIM 技术路线。广州市市政集团有限公司非常重视综合管廊工程 BIM 技术的研究与应用，开展了相关综合管廊工程 BIM 建模与交付标准的编制工作，形成的相应成果可以提高和促进综合管廊工程 BIM 技术的推广和应用。具体如下：

（1）综合管廊工程的模型单元是综合管廊工程全生命期内的几何信息及属性信息的数字化模型，并具备数据共享、传递和协同的功能。

（2）模型单元的几何表达精度应划分为 G1、G2、G3、G4 共 4 个等级，其等级划分应符合表 1.4-1 的规定。

模型单元的几何表达精度等级划分　　　　　　　　表 1.4-1

等级	英文名	代号	等级要求	主要适用阶段
1 级几何表达精度	level 1 of geometric detail	G1	项目子系统具有基本占位轮廓、粗略尺寸、粗略方位、总体高度、总体面积区域和总体体积等	方案设计
2 级几何表达精度	level 2 of geometric detail	G2	项目组成系统和主要构件具有关键轮廓控制尺寸、空间位置和基本相互关系，可包括少量的细节	方案设计、初步设计
3 级几何表达精度	level 3 of geometric detail	G3	各构件具有明确、清晰的空间尺寸、空间位置和相互关系，满足关键性的设计要求、施工要求和竣工验收要求	施工图设计、施工阶段、运维阶段
4 级几何表达精度	level 4 of geometric detail	G4	主要或关键构件具有精确的尺寸、位置、色彩和纹理，可识别具体选用产品的形状特征和细部构造，具有准确的专业接口（或连接件）	施工阶段的深化设计、预制构件加工安装等

（3）模型单元的属性信息深度应划为 N1、N2、N3、N4 共 4 个等级，其等级划分应符合表 1.4-2 的规定。

（4）综合管廊工程的阶段可划分为方案设计、初步设计、施工图设计、施工以及运维等阶段。信息模型的精细度等级应满足工程项目相应阶段的工作需求，并为后续阶段的应用需求提供便利性条件。

模型单元的属性信息深度等级划分　　　　　　　表 1.4-2

等级	英文名	代号	等级要求	主要适用阶段
1 级信息深度	level 1 of information detail	N1	宜包含市政工程模型单元的项目信息、身份描述、关键设计参数、技术要求、工程定位等信息	方案设计
2 级信息深度	level 2 of information detail	N2	宜包含和补充 N1 等级信息，增加市政工程实体系统关系、尺寸、组成及材质、设计参数、技术要求等信息	初步设计、施工图设计
3 级信息深度	level 3 of information detail	N3	宜包含和补充 N2 等级信息，增加市政工程生产信息、安装信息	施工阶段
4 级信息深度	level 4 of information detail	N4	宜包含和补充 N3 等级信息，增加市政工程资产信息和维护信息	运维阶段

（5）模型单元的系统可划分为一级系统、二级系统和三级系统。综合管廊工程信息模型的交付，一级系统为综合管廊工程，二级系统宜划分为总图、建筑、结构、通风、电气、仪表自控、排水、标识以及入廊管线等系统。

（6）综合管廊工程信息模型创建时，应考虑综合管廊工程的专业、工艺特点和实际需求等要素，对模型进行划分。

（7）综合管廊工程各阶段的模型单元交付深度应满足国家关于市政公用工程设计文件编制深度的规定，并应符合本书附录 A 综合管廊工程模型单元交付深度的规定。

1.5　装配式综合管廊的未来发展趋势

随着我国综合管廊工程建设浪潮的兴起和建筑产业化发展的不断深入，装配式综合管廊由于具有诸多优点，正得到越来越广泛的关注和应用。但总体看来，我国装配式综合管廊的研究和应用仍有很长的道路要走，其具体发展方向体现在以下方面：

1. 装配式综合管廊结构体系的研究

预制拼装混凝土结构设计有两种观点：一种是预制拼装混凝土结构受力性能等同于甚至超过现浇混凝土结构受力性能；另一种是预制拼装混凝土结构是一种独立的结构体系，其受力性能设计方法不应该仿照现浇混凝土结构。应通过理论分析、试验研究和数值模拟等手段，进一步研究不同预制拼装综合管廊结构体系的静力和抗震性能，以及结构与土体的共同作用。

2．关键节点连接形式和构造措施研究

横向和纵向接头对荷载传递路径至关重要，影响到结构设计计算的合理性。一方面应加强关键节点构造，使节点承载能力不低于其他部位；另一方面应使节点连接形式和构造措施简单、易于安装。

3．防水性能的保障

预制拼装综合管廊的防水问题较现浇综合管廊更加突出。为保障结构本体及内部管线的正常使用，研究结构本体的自防水性能与接头构造的防水性能是必要的。尽量弱化外包防水措施，降低防水施工成本。

4．新材料的应用

除了高性能混凝土以外，探索耐候钢、高分子材料等高性能材料在预制拼装综合管廊工程中的应用，不仅保证结构受力性能，更提高结构的抗腐蚀性和耐久性，达到预制拼装综合管廊工程 100 年的设计使用年限。

5．预制拼装综合管廊工程技术标准的制定

我国现行规范主要针对现浇混凝土综合管廊，涉及预制拼装综合管廊的设计规定很少，且多为原则性的规定。需针对常见预制拼装综合管廊结构形式，提出设计计算方法指导实际工程。目前已有相关单位着手研编预制拼装综合管廊结构设计技术规范。

6．装配式综合管廊标准化、模块化推广

综合管廊标准化、模块化是推广预制拼装技术的重要前提之一，预制拼装施工成本的幅度取决于建设管廊的规模长度，而标准化可以使预制拼装模板等装备的使用范围不局限于单一工程，从而降低摊销成本，有效促进预制拼装技术的推广应用。此外，编制基于综合管廊标准化的通用图，大幅降低设计单位的工作量，节约设计周期，提高设计图纸质量。

7．预制拼装综合管廊产业化发展

预制拼装综合管廊模块化的构件设计、生产和施工方法到目前为止还不是很成熟，还有很多不足需要进一步研究，需要积累更多的工程经验，推动综合管廊产业化发展，并带动相关行业。

第 2 章

管廊设计

2.1 总体设计

综合管廊总体设计，是对综合管廊工程全局问题的设计。对于采用预制装配技术的综合管廊工程，在总体设计中要兼顾预制装配的技术特点。装配式综合管廊的总体设计应着眼于提高工程的预制范围，以提高工程预制率，降低模具、机械等摊销费用，从而降低预制工程造价。因而，总体设计应尽量提升采用预制工法的标准段在工程中所占的比例，同时从方便施工、降低施工费用的角度，将标准段尽可能集中连续布置，以提高预制率。

2.1.1 设计原则

相对于传统的现浇施工技术，装配式施工技术具有工厂预制现场拼装，施工速度快，工期短；安装工程不受季节性影响，可雨期施工、冬期施工；施工围蔽宽度小，可最大限度减小对道路交通影响；创新接口形式，止水效果好；精细化加工、安装，工程质量稳定可靠；可顶进作业，避免管线拆迁费用；绿色施工，减少现场污染；精工细作，成本可控性高等优点。

但存在需要建设预制工厂、构件运输距离、装配式模具摊销成本等影响综合造价的情况，因此，综合管廊主体结构采取现浇或装配式方案比选时，应综合考虑建设条件、施工工期、造价成本、施工影响等因素。

符合以下情况的，适宜采用装配式综合管廊工程技术：

（1）综合管廊断面类型较少，且同一断面类型管廊长度较长的综合管廊项目，采用装配式综合管廊较现浇综合管廊具有经济优势的项目；

（2）受项目所在地气候条件（降雨、低温等）限制，现浇施工存在施工难度极大、措施成本过高且存在质量风险的综合管廊项目，适宜采用装配式综合管廊；

（3）综合管廊项目位于现状道路下，需要尽量减小施工作业面降低交通影响、缩短施工工期降低社会负面影响的项目；

（4）综合管廊穿越城市快速路、主干路、铁路、轨道交通、公路及河道时，宜采用装配式综合管廊，以减少综合管廊施工周期和施工影响，且管廊宜垂直穿越。

2.1.2 系统设计

综合管廊工程采用预制装配式技术的优点之一是实现综合管廊建设的工业化、产业化，前提是预制构件的标准化。在目前的综合管廊标准体系下，综合管廊总体设计需要布置通风口、吊装口、设备间、逃生口、管线分支口等较多的功能节点。这类功能节点形式复杂，构件种类繁多，一般不适合采用预制装配工法。

现阶段装配式综合管廊工程主要是考虑对标准段进行预制拼装。根据不完全统计，在常规按现浇工艺设计的综合管廊工程中，扣除这类功能节点，综合管廊标准段在整个综合管廊纵向长度范围内所占比例仅为 50%～60%。

在装配式综合管廊工程中，预制构件的生产的模具、机械、场地等前期费用较大。管廊的总体设计应扩大工程的预制范围，以提高工程预制率，降低模具、机械等摊销费用，从而降低预制工程造价。因而，总体设计应尽量提升采用预制工法的标准段在工程中所占的比例，同时从方便施工、降低施工费用的角度，将标准段尽可能集中连续布置。

在总体设计时，可采取"区间设计"的原理和方法，将通风口、吊装口、逃生口、管线分支口、设备间等综合管廊功能节点集中布置在"单元区间"的两端，并进行功能整合，形成长度短、具备复合功能的综合节点，从而使采用预制装配技术的标准段长而集中。

区间设计的方法为：分析综合管廊的基本功能需求、入廊管线的功能需求及外部条件的制约因素，给出具备完善系统功能的综合管廊单元区间，将单元区间首尾相接进行串联，辅以特殊功能节点，形成综合管廊的系统布置。

1．分析综合管廊的功能需求

综合管廊的基本功能需求是指综合管廊运营、入廊管线安装检修与维护等的必要条件。这些功能需求包括：人员出入、逃生、管线与设备的吊装、管线分支、消防分区、灭火系统、通风、供电、照明、监测与报警、排水、标识等。除消防分区、灭火系统等外，这些功能需求都是综合管廊工程必备的。同时，这些条件也会根据入廊管线的不同种类有着对应的、不同的具体要求。

2．分析入廊管线的功能需求

不同的管线对综合管廊的功能要求各有不同。如规范要求容纳电力电缆的综合管廊舱室应每隔 200m 设置防火分隔，并应设置自动灭火系统，逃生口的设置间距不宜大于200m；通信管线的管线分支需求高，一般为 120～200m，管线分支区间不宜过大；敷设热力管道的舱室，要求逃生口间距不应大于 400m，当热力管道内介质为蒸汽时，逃生口间距则不应大于 100m；对于天然气管道，除要求单独成舱外，也应每隔 200m 设置防火分隔，逃生口的设置间距不宜大于 200m。

3．外部制约条件分析

综合管廊的外部制约条件主要指对工程实施有影响的地下建（构）筑物、未入廊的地下管线、地面道路交通及道路附属构筑物等周边环境。此外，综合管廊工程设计还需考虑通风口、逃生口、吊装口等各类口部与地面道路交通、道路景观绿化的关系。频繁设置的口部不利于综合管廊自身的安全防灾，也会对道路交通及景观产生较大的影响。

4．构建综合管廊的"单元区间"

"单元区间"理念是综合管廊区间设计的核心内容之一。"单元区间"，是具有独立的复合功能系统的综合管廊基本单元。这个基本单元既具备综合管廊自身的基本功能，也能满足容纳管线的技术要求。更深入地说，这个基本单元具备独立的通风、供电、照明、监控、报警、排水等系统，也具有人员出入、逃生、吊装、管线分支等功能。在综合考虑外部制约条件的前提下，综合管廊的系统布置就是这些"单元区间"的复制与串联排列。

5．形成系统布置

综合管廊的各类特殊功能节点主要包括（不限于）：

（1）变电所：实现综合管廊区域供电；

（2）交叉口：管廊交叉时的节点；

（3）人员出入口：方便运维人员进出的构筑物；

（4）控制中心连接段：实现综合管廊与控制中心相连的构筑物；

（5）变电站连接段：实现综合管廊高压舱与高压变电站连接的构筑物；

（6）倒虹：综合管廊避让垂直相交障碍物的构筑物；

（7）端井：综合管廊的终端处用以引出管线的构筑物。根据外部条件确定好上述特殊功能节点后，将其"镶嵌"组合布置在"单元区间"串联排列的大系统中，就形成了完整的综合管廊工程系统布置。

在总体设计时，可采取上述"区间设计"的原理和方法，将通风口、吊装口、逃生口、管线分支口、设备间等综合管廊功能节点集中布置在"单元区间"的两端，并进行功能整合，形成长度短、具备复合功能的综合节点，从而使采用预制装配技术的标准段长而集中，如图2.1-1所示。

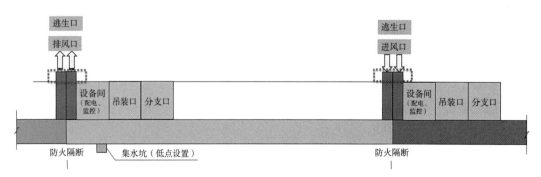

图2.1-1 采用区间设计方法点集中布置的预制装配式管廊总体设计纵向示意图

2.1.3　空间及断面设计

装配式综合管廊空间及断面设计除满足传统现浇综合管廊要求外，还应符合以下要求：

（1）纳入预制装配式综合管廊的管线种类及技术要求应符合现行国家标准《城市综合管廊工程技术规范》GB 50838 的有关规定。

（2）给水、再生水、电力、通信、广播电视、热力、天然气、雨水、污水等城市工程管线可纳入预制装配式综合管廊。

（3）纳入预制装配式综合管廊的雨水、污水管道宜采用压力管道。

（4）纳入预制装配式综合管廊的热力管道应进行专项设计，对于荷载效用大的热力管道固定支座应有专项设计计算，一般不宜设置在预制装配结构构件上。

（5）纳入预制装配式综合管廊的天然气管道应有适应预制装配式结构不均匀沉降的技术措施，同时应有针对性的、加强的气体泄漏监测与检测技术手段。在多舱综合管廊中，天然气舱室不宜与电力电缆舱相邻。在多层综合管廊中，天然气舱室应布置于断面的最上方。

（6）管线支架应优先采用预埋式支架，使支架立柱等构件提前在预制构件生产中同步预留。

（7）纳入预制装配式综合管廊的管线应进行专项管线设计，并与管廊工程规划、设计、施工和维护统筹协调。管线专项设计需包含预留预埋设计及支架、支墩设计，为避免后期的设计修改，预留预埋设计应与预制装配式综合管廊设计同步。

（8）纳入预制装配式综合管廊的管线设计应符合综合管廊总体设计及国家现行有关管线设计标准的规定。电力电缆支架间距、材质等技术要求应符合现行国家标准《电力工程电缆设计标准》GB 50217 的有关规定。通信线缆支架、桥架的间距、材质等技术要求应符合现行国家标准《通信线路工程设计规范》GB 51158 的有关规定。

（9）装配式综合管廊断面尺寸应标准化，应考虑装配式模具的通用性，同一类型舱室断面尺寸宜统一，相同舱室数量的管廊断面高度或宽度宜统一。

（10）装配式综合管廊断面尺寸应与装配式模具的模数匹配。

（11）装配式综合管廊支墩、支架、预埋件等间距应与装配式构件分节尺寸的整数倍数匹配。

2.1.4　节点设计

从 2.1.2 节中给出的节点集约化布置的预制装配式管廊总体设计纵向示意图中可以看到，预制装配式综合管廊的标准段连续布置在区间中部，区间两端集中布置各类功能节点，区间两端集中布置了分支口、吊装口、设备间、通风口、逃生口、防火隔断等功能节点。这些节点进行功能区域综合布置后，只形成一个长 20～30m 的综合节点，增大了标准段的长度。采用区间设计方法，可将标准段在管廊工程中所占的比例提升到 75% 以上。某装配式综合管廊工程的复合通风口、设备间、逃生口、排水等功能的综合节点如图 2.1-2 所示。

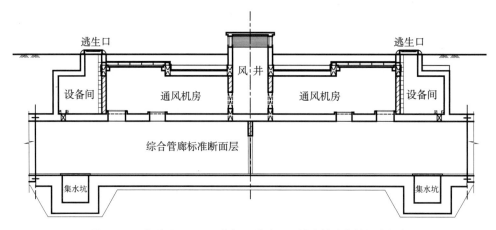

图 2.1-2　复合通风口、设备间、逃生口、排水等功能的综合节点

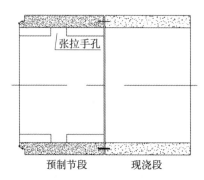

图 2.1-3　预制装配与现浇节点间的过渡设计示例

采用现浇的综合节点与预制装配段应设置结构变形缝，紧邻变形缝的预制构件沿缝设置橡胶止水带，待预制装配段完成、预埋橡胶止水带就位后，进行现浇段的施工，可形成封闭的变形缝体系，完成预制装配与现浇节点间的过渡设计（图 2.1-3）。

2.2　结构设计

2.2.1　设计原则

装配式综合管廊结构方案设计阶段，应协调建设、设计、制作、施工、管线、运维各方之间的关系，并应加强总体设计、结构设计、附属设施设计和管线设计等专业之间的配合，使得装配式综合管廊的尺寸、形状、节点构造等更合理，从而提升其综合经济效益。

装配式结构与全现浇混凝土结构的设计和施工过程有一定区别。对装配式结构，建设、设计、施工、制作各单位在方案阶段就需要进行协同工作，共同对平面和立面根据标准化原则进行优化，对应用预制构件的技术可行性和经济性进行论证，共同进行整体策划，提出最佳方案。与此同时，管廊、结构、设备等各专业也应密切配合，对预制构件的尺寸和形状、节点构造等提出具体技术要求，并对制作、运输、安装和施工全过程的可行性以及造价等作出预测。此项工作对管廊功能和结构布置的合理性，以及对工程造价等都会产生较大的影响，是十分重要的。

装配式综合管廊结构设计应包括下列内容：

（1）结构方案设计，包括结构选型、构件布置及传力途径；

（2）作用及作用效应分析；

（3）结构、预制构件与连接的极限状态设计；

（4）结构、预制构件与连接的构造措施；

（5）耐久性及施工的要求。

装配式综合管廊结构设计应符合现行国家标准《城市综合管廊工程技术规范》GB 50838 和《混凝土结构设计规范》GB 50010 的基本要求，根据连接节点和拼缝的构造方式及性能，确定结构的整体计算模型，并应采取有效措施加强结构的整体性。

装配式综合管廊结构的连接节点和拼缝应受力明确、构造可靠，并应满足承载力、延性和耐久性等要求。

装配式综合管廊的设计，应注重概念设计和结构分析模型的建立，以及预制构件的连接设计。对于装配式结构设计的主要概念，是在选用可靠的预制构件受力钢筋连接技术的基础上，采用预制构件与后浇混凝土相结合的方法，通过连接节点合理的构造措施，将装配式构件连接成一个整体，保证其结构性能具有与现浇混凝土结构等同的整体性、延性、承载力和耐久性能，达到与现浇混凝土等同的效果。对于装配式综合管廊结构，应根据实际选用的连接节点类型，以及具体采用的构造措施的特点，采用相应的结构分析的计算模型。

装配式综合管廊成败的关键在于预制构件之间，以及预制构件与现浇和后浇混凝土之间的连接技术，其中包括连接接头的选用和连接节点的构造设计。欧洲 FIB 标准将装配式结构中预制构件的连接设计要求归纳为：标准化、简单化、抗拉能力、延性、变形能力、防火、耐久性和美学等八个方面的要求，即节点连接构造不仅应满足结构的力学性能，尚应满足构筑物物理性能的要求。

装配式综合管廊结构中，预制构件的连接部位应综合考虑受力合理和经济可行，并经合理设计确定，构件的尺寸和形状应符合下列要求：

（1）应满足综合管廊使用功能、模数化、标准化要求。

（2）应根据预制构件的功能和安装部位、加工制作及施工精度等要求，确定合理的公差。

（3）应满足制作、运输、堆放、安装及质量控制要求。

预制构件合理的接缝位置以及尺寸和形状的设计是十分重要的，它对综合管廊的功能、受力状况、承载能力、工程造价等都会产生一定的影响。设计时，应同时满足使用功能、承载能力、便于施工和进行质量控制等多项要求。同时应尽量减少预制构件的种类，保证模板能够多次重复使用，以降低造价。

预制构件的连接节点及拼缝处后浇混凝土强度等级不应低于预制构件的混凝土强度等级，综合管廊预制侧壁水平拼缝用坐浆材料的强度等级值不应低于预制侧壁的混凝土强度等级值。

预埋件和连接件等外露金属件应按不同环境类别进行封闭或防腐、防锈、防火处理，并应符合耐久性要求。

2.2.2　材料要求

1．混凝土

装配式综合管廊工程中所使用的材料应根据结构类型、受力条件、使用要求和所处环境等选用，并应考虑耐久性、可靠性和经济性。主要材料宜采用高性能混凝土、高强钢筋。

装配式综合管廊结构的混凝土强度等级不宜低于 C40。预应力混凝土结构的混凝土强度等级不应低于 C40。叠合预制装配式的双面叠合混凝土板空腔中宜浇筑自密实混凝土，强度等级宜与预制板相同。

装配式综合管廊结构宜采用防水混凝土，并应符合以下要求：

（1）防水混凝土的设计抗渗等级应符合表 2.2-1 的规定。

（2）防水混凝土宜采用预拌混凝土，并应符合现行国家标准《预拌混凝土》GB/T

防水混凝土设计抗渗等级　　　　　　　　表 2.2-1

管廊埋置深度 H（m）	设计抗渗等级
$H<10$	P6
$10 \leqslant H<20$	P8
$20 \leqslant H<30$	P10
$H \geqslant 30$	P12

14902、《混凝土质量控制标准》GB 50164 的相关规定。

（3）防水混凝土应根据装配式综合管廊结构所处的环境和工作条件，符合现行国家和行业标准中有关抗裂、抗冻和抗侵蚀性等耐久性能的相关规定。

用于防水混凝土的水泥应符合下列要求：

（1）宜采用符合现行国家标准《通用硅酸盐水泥》GB 175 中有关硅酸盐水泥和普通硅酸盐水泥的相关规定。

（2）在受侵蚀性介质作用时，应按介质的性质选用相应的水泥品种。

（3）不应使用过期或受潮结块的水泥，并不应将不同品种或强度等级的水泥混合使用。

（4）水泥的比表面积不宜大于 $350m^2/kg$。

（5）混凝土拌合时，不宜使用温度大于 60℃ 的水泥。

用于防水混凝土的砂、石应符合现行国家标准《普通混凝土用砂、石质量及检验方法标准（附条文说明）》JGJ 52 的有关规定，并应符合以下要求：

（1）粗骨料宜选用坚固耐久、粒形良好的洁净石子；泵送时其最大粒径不应大于输送管径的 1/4，且不应大于钢筋间最小净距的 3/4；吸水率不应大于 1.5%；最大粒径不宜大于 40mm，含泥量不应大于 1.0%，泥块含量不应大于 0.5%；粗骨料的质量要求应符合现行国家标准《建设用卵石、碎石》GB/T 14685 的有关规定。

（2）细骨料宜选用坚硬、抗风化性强、洁净的中粗砂，不应使用未经净化处理的海砂；细骨料含泥量不应大于 3.0%，泥块含量不应大于 1.0%。细骨料的质量要求应符合现行国家标准《建设用砂》GB/T 14684 的有关规定。细骨料中氯离子含量应符合现行国家标准《混凝土结构工程施工规范》GB 50666 的相关规定。

防水混凝土中各类材料的氯离子含量和含碱量（Na_2O 当量）应符合下列要求：

（1）氯离子含量不应超过凝胶材料总量的 0.1%。

（2）采用无活性骨料时，含碱量不应超过 $3kg/m^3$；采用有活性骨料时，应严格控制混凝土含碱量并掺加矿物掺合料。

（3）防水混凝土选用矿物掺合料时应符合现行国家标准《矿物掺合料应用技术规范》GB/T 51003 的规定。

当使用碱活性骨料时，防水混凝土中各类材料的总碱量（Na_2O 当量）不应大于 3.0kg/m^3，其应用应符合现行国家标准《预防混凝土碱骨料反应技术规范》GB/T 50733 的规定。拌合物中水溶性氯离子含量应符合现行行业标准《普通混凝土配合比设计规程》JGJ 55 的相关规定。

防水混凝土的水胶比不应大于 0.50，胶凝材料用量不应小于 320kg/m^3，配合比设计应符合现行行业标准《普通混凝土配合比设计规程》JGJ 55 的相关规定。

混凝土可根据工程需要掺入减水剂、膨胀剂、防水剂、密实剂、引气剂、复合型外加剂及水泥基渗透结晶型材料等，其品种和用量应经试验确定，所用外加剂的技术性能应符合国家现行标准的有关质量要求。

用于拌制混凝土的水，应符合现行国家标准《混凝土用水标准》JGJ 63 的有关规定。

混凝土可根据工程抗裂需要掺入合成纤维或钢纤维，纤维的品种及掺量应符合现行国家标准的有关规定，无相关规定时应通过试验确定。

补偿收缩混凝土配合比设计应符合现行行业标准《补偿收缩混凝土应用技术规程》JGJ/T 178 的相关规定。

2．钢筋与钢材

结构受力钢筋的性能应满足现行国家标准《混凝土结构设计规范》GB 50010 和《建筑抗震设计标准》GB/T 50011 中有关纵向受力普通钢筋的规定，宜采用 HRB400、HRB500 级钢筋，其他情况可采用 HPB300 钢筋，钢筋应符合现行国家标准《钢筋混凝土用钢　第 1 部分：热轧光圆钢筋》GB/T 1499.1、《钢筋混凝土用钢　第 2 部分：热轧带肋钢筋》GB/T 1499.2 和《钢筋混凝土用余热处理钢筋》GB/T 13014 的有关规定。

预应力筋宜采用预应力钢绞线、预应力螺纹钢筋或预应力钢棒，并应符合现行国家标准《预应力混凝土用钢绞线》GB/T 5224、《预应力混凝土用螺纹钢筋》GB/T 20065 和《预应力混凝土用钢棒》GB/T 5223.3 的有关规定。

螺栓应符合现行国家标准《钢结构设计标准》GB 50017 的有关规定。

纤维增强塑料筋应符合现行国家标准《结构工程用纤维增强复合材料筋》GB/T 26743 的有关规定。

预埋钢板宜采用 Q235 钢、Q345 钢，其质量应符合现行国家标准《碳素结构钢》GB/T 700 的有关规定。

双面叠合混凝土板中的钢筋桁架由上弦筋、下弦筋及腹筋组成（图 2.2-1），钢筋桁架的钢筋直径及强度等级通过计算确定，其中桁架钢筋的直径宜按表 2.2-2 取值，并应满足以下构造要求：

（1）钢筋桁架的横截面高度（上、下弦筋外表面距离）应根据双面叠合墙板的总厚度确定，高度适用范围为 70mm $\leqslant h_1 \leqslant$ 400mm。

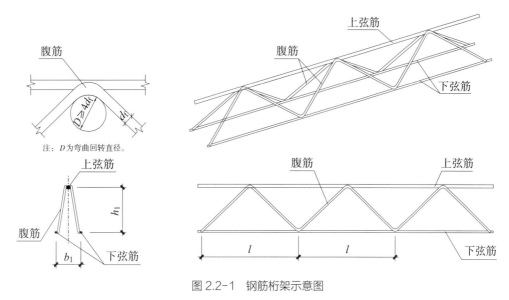

图 2.2-1　钢筋桁架示意图

双面叠合混凝土板桁架钢筋直径参考选用表　　　表 2.2-2

类别	钢筋直径
上弦筋	$6mm \leqslant d \leqslant 16mm$
下弦筋	$6mm \leqslant d \leqslant 14mm$
腹筋	$6mm \leqslant d \leqslant 10mm$

（2）钢筋桁架横截面宽度（下弦筋外表面距离）适用范围为 $60mm \leqslant b_1 \leqslant 110mm$。斜筋和上、下弦筋的焊接节点中心间距 l 不宜大于 200mm。

腹筋在上、下弦筋交点处的弯曲回转不小于 d_f（d_f 为斜筋的直径）。

单面叠合混凝土板中的钢筋桁架应满足以下构造要求：

（1）钢筋桁架上弦筋、下弦筋及腹筋的直径应按计算确定，并符合表 2.2-3 的要求。当上、下弦筋兼作单面预制叠合剪力墙分布钢筋时，其直径可与墙板分布钢筋直径保持一致，但应同时满足表 2.2-3 的要求。

单面叠合混凝土板桁架钢筋直径选用表　　　表 2.2-3

类别	钢筋直径
上弦筋	$\geqslant 10mm$
下弦筋	$\geqslant 8mm$
腹筋	当 $70mm \leqslant h_1 \leqslant 200mm$ 时，$\geqslant 6mm$ 当 $200mm < h_1 \leqslant 240mm$ 时，$\geqslant 8mm$

（2）钢筋桁架横截面适用高度 70mm≤h_1≤240mm。钢筋桁架的横截面高度应能保证预制墙板安装就位后上弦筋内皮至预制墙板内表面的最小距离不小于 20mm，且应保证当预制墙板和梁、柱相交时，梁、柱平行的上弦筋处于梁、柱箍筋的内侧。

（3）钢筋桁架横截面宽度 80mm≤b_1≤100mm。腹筋和上、下弦筋的焊接节点间距 l 取固定值 200mm。钢筋桁架长度以 100mm 为模数，上弦筋端部离板端距离不大于 50mm。

叠合顶板和叠合底板中的桁架钢筋的直径及强度等级应通过计算确定，当上弦筋兼作吊钩使用时，安全系数应满足现行国家标准《混凝土结构工程施工规范》GB 50666 的相关规定，上、下弦筋直径均不宜小于 8mm，斜筋直径不应小于 4mm。

3．连接材料

节段预制装配式综合管廊的节段连接预应力筋采用无粘结预应力，配套锚具采用的技术指标必须符合现行国家标准《预应力筋用锚具、夹具和连接器》GB/T 14370 的规定。

钢筋套筒灌浆连接接头采用的套筒应符合现行行业标准《钢筋连接用灌浆套筒》JG/T 398 的规定。

钢筋套筒灌浆连接接头采用的灌浆料应符合现行行业标准《钢筋连接用套筒灌浆料》JG/T 408 的规定。

预应力筋连接采用的水泥基灌浆料应符合现行国家标准《水泥基灌浆材料应用技术规范》GB/T 50448 的规定。

4．其他材料

弹性橡胶密封垫的主要物理性能应符合表 2.2-4 的规定。

弹性橡胶密封垫的主要物理性能　　　　表 2.2-4

序号	项目			指标	
				氯丁橡胶	三元乙丙橡胶
1	邵氏 A 硬度（度）			（45±5）~（65±5）	（55±5）~（70±5）
2	伸长率（%）			≥350	≥330
3	拉伸强度（MPa）			≥10.5	≥9.5
4	热空气老化	（70℃×96h）	硬度变化值（邵氏 A 硬度）（度）	≥+8	≥+6
			扯伸强度变化率（%）	≥-20	≥-15
			扯断伸长率变化率（%）	≥-30	≥-30
5	压缩永久变形（70℃×24h）（%）			≤35	≤28
6	防霉等级			达到或优于 2 级	

注：以上指标均为成品切片测试的数据，若只能以胶料制成试样测试，则其伸长率、拉伸强度的性能数据应达到表中指标的 120%。

遇水膨胀橡胶密封垫的主要物理性能应符合表 2.2-5 的规定。

遇水膨胀橡胶密封垫的主要物理性能　　　　表 2.2-5

序号	项目		指标			
			PZ—150	PZ—250	PZ—450	PZ—600
1	邵氏 A 硬度（度）*		42±7	42±7	45±7	48±7
2	拉伸强度（MPa）		≥3.5	≥3.5	≥3.5	≥3
3	扯断伸长率（%）		≥450	≥450	≥350	≥350
4	体积膨胀倍率（%）		≥150	≥250	≥400	≥600
5	反复浸水试验	拉伸强度（MPa）	≥3	≥3	≥2	≥2
		扯断伸长率（%）	≥350	≥350	≥250	≥250
		体积膨胀倍率（%）	≥150	≥250	≥500	≥500
6	低温弯折 –20℃×2h		无裂纹	无裂纹	无裂纹	无裂纹
7	防霉等级		达到或优于 2 级			

注：1. * 邵氏 A 硬度为推荐项目；
　　2. 成品切片测试应达到表中指标的 80%；
　　3. 接头部位的拉伸强度不低于表中指标的 50%。

不同模量的密封胶材料的主要物理性能应符合表 2.2-6 的规定。

地下综合管廊接缝用密封胶的主要物理性能　　　　表 2.2-6

序号	项目			指标			
				25（低模量）	25（高模量）	20（低模量）	20（高模量）
1	流动性	下垂度（N 型）	垂直（mm）	≤3			
			水平（mm）	≤3			
		流平性（S 型）		光滑平整			
2	挤出性（mL/min）			≥80			
3	弹性恢复率（%）			≥80		≥60	
4	拉伸模量（MPa）	23℃ –20℃		≤0.4 和 ≤0.6	>0.4 或 >0.6	≤0.4 和 ≤0.6	>0.4 或 >0.6
5	定伸粘结性			无破坏			
6	浸水后定伸粘结性			无破坏			
7	热压冷拉后粘结性			无破坏			
8	体积收缩率（%）			≤25			

注：体积收缩率仅适用于乳胶型和溶剂型产品。

2.2.3　结构上的作用

1．设计要求

装配式综合管廊结构上的作用可分为永久作用、可变作用和偶然作用，应根据现行国家标准《建筑结构荷载规范》GB 50009、《工程结构通用规范》GB 55001 确定。

结构设计时，对不同的作用应采用不同的代表值：对永久作用，应采用标准值作为代表值；对可变作用，应根据设计要求采用标准值、组合值或准永久值作为代表值。作用的标准值，应为设计采用的基本代表值。

当结构承受两种或两种以上可变作用时，在承载力极限状态设计或正常使用极限状态按短期效应标准值设计中，对可变作用应取标准值和组合值作为代表值。

当正常使用极限状态按长期效应准永久组合设计时，对可变作用应采用准永久值作为代表值。可变作用准永久值为可变作用的标准值乘以作用的准永久值系数。

结构主体及收容管线自重可按结构构件及管线设计尺寸计算确定。对常用材料及其制作件，其自重可按现行国家标准《建筑结构荷载规范》GB 50009 的规定采用。

预应力综合管廊结构上的预应力标准值，应为预应力钢筋的张拉控制应力值扣除各项预应力损失后的有效预应力值。张拉控制应力值应按现行国家标准《混凝土结构设计规范》GB 50010 的有关规定确定。

对于建设场地地基土有显著变化段的综合管廊结构，需计算地基不均匀沉降的影响，其标准值应按现行国家标准《建筑地基基础设计规范》GB 50007 的有关规定计算。

2．永久作用、可变作用和偶然作用

永久作用应包括结构构件、面层、固定设备、长期储物的自重，土压力、水压力，以及其他需要按永久荷载考虑的荷载。

可变作用应包括汽车荷载、人行荷载、施工荷载等。

偶然作用应包括爆炸、撞击、火灾及其他偶然出现的灾害引起的荷载。当采用偶然荷载作为结构设计的主导荷载时，在允许结构出现局部构件破坏的情况下，应保证结构不致因偶然荷载引起连续倒塌。偶然作用的取值应满足现行国家标准《建筑结构荷载规范》GB 50009 的相关规定。

2.2.4　结构分析

1．一般类型装配式综合管廊

节段预制管廊（全断面预制）、叠合预制管廊和分块预制管廊的截面内力计算模型

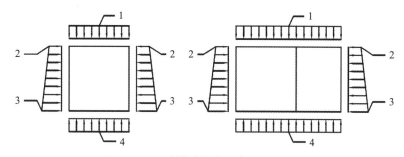

图 2.2-2　预制综合管廊闭合框架计算模型
1—综合管廊顶板荷载；2、3—综合管廊侧向水土压力；4—综合管廊底板反力

宜采用闭合框架模型（图 2.2-2）。作用于结构底板的基底反力分布应根据地基条件具体确定：

（1）对于地层较为坚硬或经加固处理的地基，基底反力可视为直线分布。

（2）对于未经处理的柔软地基，基底反力应按弹性地基上的平面变形截条计算确定。

2. 节段预制管廊（横断面分上、下节段构件）

上、下节段预制综合管廊的内力计算模型应考虑接头的影响（图 2.2-3），可采用闭合框架 – 弹簧铰模型或局部刚度折减闭合框架模型，并应符合下列规定：

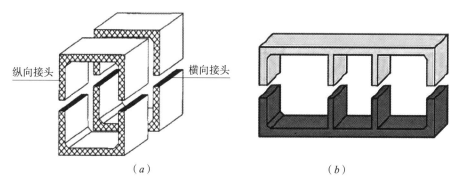

纵向接头　　横向接头

（a）　　　　　　　　　　（b）

图 2.2-3　带纵向、横向接头的上、下节段预制综合管廊结构示意图
（a）单舱截面；（b）多舱截面

（1）闭合框架 – 弹簧铰模型

当采用闭合框架 – 弹簧铰模型时，如图 2.2-4 所示，弹簧铰的转动刚度受接头构造、拼装方式、界面应力等因素的影响，宜通过试验确定。当无试验依据时，可按式（2.2-1）与式（2.2-2）计算确定：

当 $M_{jd} < 2/3 M_{ju}$ $\qquad\qquad\qquad K = K_{ini}$ $\qquad\qquad$ （2.2-1）

当 $M_{jd} \geq 2/3M_{ju}$

$$K = \frac{K_{ini}}{\eta} \tag{2.2-2}$$

$$M_{ju} \leq f_{py}A_p\left(\frac{h-x}{2}\right) \tag{2.2-3}$$

$$x = \frac{f_{py}A_p}{\alpha_1 f_c b} \tag{2.2-4}$$

式中　M_{jd} ——拼缝接头弯矩设计值（kN·m）；

　　　　M_{ju} ——拼缝接头受弯承载力设计值（kN·m），按式（2.2-3）与式（2.2-4）计算；

　　　　K ——拼缝接头转动刚度（kN·m/rad）；

　　　　K_{ini} ——拼缝接头初始转动刚度（kN·m/rad）；

　　　　η ——拼缝接头转动刚度修正系数，当采用截面厚度方向居中布置的单根有粘

结预应力筋连接时可取 $\eta = \dfrac{3300}{h\sigma^{0.9}}$，$h$ 为侧壁厚度（mm），σ 为拼缝面预压应力（N/mm²）。

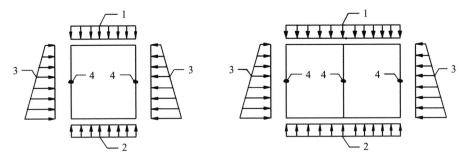

图 2.2-4　上下节段预制综合管廊闭合框架—弹簧铰计算模型
1—综合管廊顶板荷载；2—综合管廊地基反力；3—综合管廊侧向水土压力；4—旋转弹簧

闭合框架-弹簧铰计算模型中，接头采用居中的单根有粘结预应力筋连接时，初始转动刚度（图 2.2-5）可按下列公式计算：

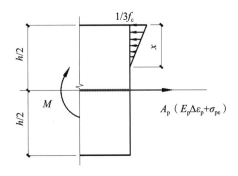

图 2.2-5　接头拼缝面转动刚度计算

1）接头拼缝面混凝土受压区高度 x 和外荷载作用下预应力筋的应变增量 $\Delta\varepsilon_p$ 可按式（2.2-5）与式（2.2-6）确定：

$$\frac{f_c}{3E_c\Delta\varepsilon_p}=\frac{2x}{h-2x} \qquad (2.2-5)$$

$$\frac{1}{6}bxf_c=A_p(\sigma_{pe}+E_p\Delta\varepsilon_p) \qquad (2.2-6)$$

2）接头拼缝面的初始转动刚度可按式（2.2-7）与式（2.2-8）计算：

$$K_{ini}=\frac{A_p(\sigma_{pe}+E_p\Delta\varepsilon_p)(3h-2x)(h-2x)}{24x\Delta\varepsilon_p} \qquad (x\geqslant h/2) \qquad (2.2-7)$$

$$K_{ini}=\frac{A_p(\sigma_{pe}+E_p\Delta\varepsilon_p)(3h-2x)(h-2x)f_t h}{12\alpha E_p d\Delta\varepsilon_p^2(h-2x)+48x^2\Delta\varepsilon_p f_t} \qquad (x<h/2) \qquad (2.2-8)$$

式中　$\Delta\varepsilon_p$ ——外荷载作用下预应力筋的应变增量；

α ——预应力钢筋的外形系数；

f_c ——混凝土抗压强度设计值（N/mm²）；

f_t ——混凝土抗拉强度设计值（N/mm²）；

E_c ——混凝土弹性模量（N/mm²）；

d ——预应力筋直径（mm）；

A_p ——预应力筋面积（mm²）；

h ——侧壁厚度（mm）；

b ——侧壁计算宽度（mm）；

E_p ——预应力筋弹性模量（N/mm²）；

σ_{pe} ——预应力筋的有效预应力（N/mm²）。

（2）局部刚度折减闭合框架模型

当采用局部刚度折减闭合框架模型时（图 2.2-6），接头上下壁厚范围内的截面抗弯刚度应进行折减，折减系数宜根据试验确定。当无试验依据时，可取 0.3～0.5。

局部刚度折减闭合框架计算模型的基本假定：1）采用连续结构模型；2）接头部位转动刚度较侧壁的抗弯刚度小，对管廊整体结构的刚度造成削弱，用接

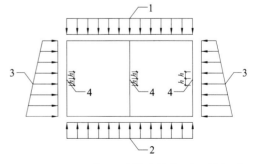

图 2.2-6　上下节段预制综合管廊局部刚度折减
闭合框架计算模型

1—综合管廊顶板荷载；2—综合管廊地基反力；
3—综合管廊侧向水土压力；4—拼缝接头局部刚度折减；
h—综合管廊壁厚

头附近一定范围内连续体刚度较主体部分降低来反映接头的影响；3）接头部位的受力对侧壁的影响范围有限，刚度降低的区域假设为侧壁厚度的 2 倍；4）刚度降低区域的刚度 $\eta'_i EI$（η'_i 为接头区域等效刚度折减系数），如图 2.2-7 所示，根据弯矩作用下区域两端的截面转角相等求出，按式（2.2-9）与式（2.2-10）计算。

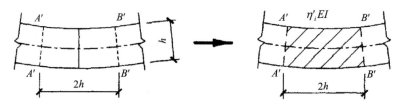

图 2.2-7　接头区域的等效模型

由等效前后截面 A'-A' 对 B'-B' 在弯矩作用下的转角相同，可得：

$$\frac{M \cdot 2h}{\eta'_i EI} = \frac{M \cdot 2h}{EI} + \Delta\theta \tag{2.2-9}$$

$$\eta'_i = \frac{M \cdot 2h}{M \cdot 2h + \Delta\theta EI} \tag{2.2-10}$$

3．角部加腋影响

试验表明，与设置角部加腋构造的预制拼装综合管廊相比，不设置角部加腋构造的预制拼装综合管廊，其承载力将降低 15%～20%。装配式综合管廊在进行结构分析时，应考虑角部加腋构造的影响，并应符合下列规定：

（1）当不设置角部加腋时，应取轴线位置的计算弯矩验算角部边缘截面的抗弯承载力（图 2.2-8）；

（2）当设置角部加腋时，应将计算弯矩等高平移至角部边缘截面，并按 1:3 的倾角确定有效抗弯截面，验算加腋区两边缘截面的抗弯承载力（图 2.2-9）。

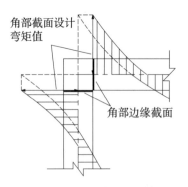

图 2.2-8　不设加腋的角部正截面抗弯
承载力计算简图

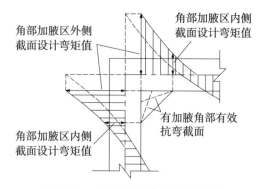

图 2.2-9　设置加腋的角部正截面抗弯
承载力计算简图

2.2.5 预制构件设计

1．基本要求

预制构件的设计应符合下列规定：

（1）对持久设计状况，应对预制构件进行承载力、变形、裂缝控制验算。

（2）对地震设计状况，应对预制构件进行承载力验算。

（3）对制作、运输和堆放、安装等短暂设计状况，预制构件验算应符合现行国家标准《混凝土结构工程施工规范》GB 50666 的有关规定。

预制管廊结构主要承重侧壁的厚度不宜小于 250mm，非承重侧壁和隔墙等构件的厚度不宜小于 200mm。

当预制构件中钢筋的混凝土保护层厚度大于 50mm 时，宜对钢筋的混凝土保护层采取有效的构造措施。

预制综合管廊结构构件裂缝控制等级应为三级，结构构件的裂缝宽度应不大于 0.2mm，裂缝长度不宜大于 300mm。

用于固定连接件的预埋件与预埋吊件、临时支撑用预埋件不宜兼用；当兼用时，应同时满足各种设计工况要求。预制构件中预埋件的验算应符合现行国家标准《混凝土结构设计规范》GB 50010、《钢结构设计标准》GB 50017 和《混凝土结构工程施工规范》GB 50666 等的有关规定。

需进行封闭处理的预埋件，在预制构件中的凹入深度不宜小于 10mm。

2．节段预制管廊

节段预制综合管廊的预制形式应根据实际情况选用节段整体预制、上下节段预制以及长节段大吨位整体预制等预制方法，并应符合下列规定：

（1）宜优先选用节段整体预制。

（2）当建设条件许可时，可采用长节段大吨位整体预制。

（3）预制构件应遵循标准化、模数化的设计原则。

（4）应从生产、运输、施工及使用过程中确定最不利工况进行结构、构件及吊装设施的验算。

节段预制管廊钢筋骨架制作宜满足下列规定：

（1）钢筋骨架宜采用自动焊接或人工焊接成型。当采用人工焊接时，焊点数量应大于总连接点的 50% 且应均匀分布，钢筋的连接处理应符合现行行业标准《钢筋焊接及验收规程》JGJ 18 中有关钢筋焊接和绑轧的规定。

（2）钢筋直径不宜小于 8mm。沿预制管节长度方向（横向）钢筋间距不宜大于

200mm，相邻纵向钢筋的间距不宜大于 250mm。横向、纵向钢筋应均匀配置，其间距偏差不应大于 5mm。

3．叠合预制管廊

叠合预制装配式综合管廊的双面叠合侧壁的迎水面预制板厚度不宜小于 70mm，非迎水面预制板厚度不应小于 50mm。侧壁中间空腔后浇部分截面厚度不宜小于 150mm。

双面叠合侧壁竖向和水平分布钢筋的配筋率不应小于 0.25%。

双面叠合侧壁竖向和水平分布钢筋的间距均不宜大于 200mm，直径不应小于 8mm。双面叠合侧壁的竖向和水平分布钢筋的直径不宜大于双面叠合侧壁截面宽度的 1/10。

双面叠合侧壁中钢筋桁架应满足运输、吊装和现浇混凝土施工的要求，并应符合下列规定：

（1）钢筋桁架宜竖向设置，单片预制侧壁不应少于 2 榀。

（2）钢筋桁架中心间距不宜大于 600mm，距双面叠合预制侧壁边的水平距离不宜大于 200mm（图 2.2-10），钢筋桁架上、下弦筋端部离预制墙板板端距离不宜大于 50mm。

（3）钢筋桁架的上弦筋直径不宜小于 10mm，下弦筋及斜腹筋直径不宜小于 6mm。

（4）钢筋桁架应与两层分布筋网片可靠连接，连接方式可采用焊接。

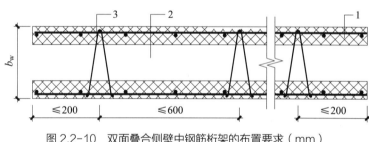

图 2.2-10　双面叠合侧壁中钢筋桁架的布置要求（mm）
1—预制部分；2—现浇部分；3—钢筋桁架

4．分块预制管廊

分块预制管廊的构件按结构类型分为预制板、预制墙，按内力及配筋计算结果进行双层双向配筋，其配筋方式和构造应满足现行国家标准《混凝土结构设计规范》GB 50010 的规定。

预制构件与后浇混凝土、灌浆料、坐浆料的结合面应设置粗糙面、键槽等保证结构整体性和受力性能的构造，并应符合下列规定：

（1）预制板与后浇混凝土之间的结合面应设置粗糙面，粗糙面凹凸深度不应小于 4mm。

（2）侧面与后浇混凝土结合面宜设置粗糙面，也可以设置键槽；键槽深度不宜小于

20mm，宽度不宜小于深度的 3 倍，且不宜大于深度的 10 倍，键槽间距宜等于键槽宽度，键槽端部斜面倾角不宜大于 30°，粗糙面凹凸深度不应小于 6mm。

分块预制管廊结构弹性分析时，节点和接缝的模拟应符合下列规定：

（1）当预制构件之间采用后浇带连接且接缝构造及承载力满足现行国家标准《装配式混凝土建筑技术标准》GB/T 51231 的要求时，可按现浇混凝土结构进行模拟。

（2）对于现行国家标准《装配式混凝土建筑技术标准》GB/T 51231 未包含的连接节点及接缝形式，应按照实际情况模拟。

2.2.6　接头设计

1．基本要求

预制装配式综合管廊结构宜采用承插口式接头，可采用预应力连接、螺栓连接或不设连接筋。当有可靠依据时，也可以采用其他能够保证预制装配式综合管廊结构安全性、适用性和耐久性的接头构造。

预制装配式综合管廊的接头设计应考虑以下四个因素：

（1）在管廊全寿命过程中接口密封的可靠性；

（2）方式应能适应施工工艺的要求，施工简单方便；

（3）连接接头应便于生产制造；

（4）连接方式形式简单、价格经济。

预制预应力装配式综合管廊拼缝防水应采用预制成型弹性密封垫为主要防水措施，弹性密封垫的界面应力不应小于 1.5MPa。

拼缝弹性密封垫应沿环、纵面兜绕成框型。沟槽形式、截面尺寸应与弹性密封垫的形式和尺寸相匹配，如图 2.2-11 所示。

拼缝处应至少设置一道密封垫沟槽，密封垫及沟槽的截面尺寸应符合式（2.2-11）要求：

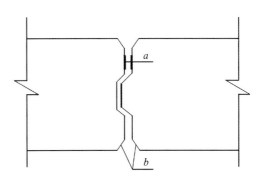

图 2.2-11　拼缝接头防水构造
a—弹性密封垫材；b—嵌缝槽

$$A = 1.0A_0 \sim 1.5A_0 \qquad (2.2\text{-}11)$$

式中　A——密封垫沟槽截面积（mm^2）；

　　　A_0——密封垫截面积（mm^2）。

拼缝处应选用弹性橡胶与遇水膨胀橡胶制成的复合密封垫。弹性橡胶密封垫宜采用三元乙丙（EPDM）橡胶或氯丁（CR）橡胶。复合密封垫宜采用中间开孔、下部开槽等特殊截面的构造形式，并应制成闭合框型。

预制装配式综合管廊拼缝的受剪承载力应符合现行行业标准《装配式混凝土结构技术规程》JGJ 1 的有关规定。

2. 按接头形式分类

预制装配式综合管廊按接头形式可分为平口式接头、钢承口接头以及承插式接头。

（1）平口式接头

平口式接头制作简单，接头精度要求低，适用于顶管施工，但是接缝上下通透，防渗效果差，如图 2.2-12 所示。

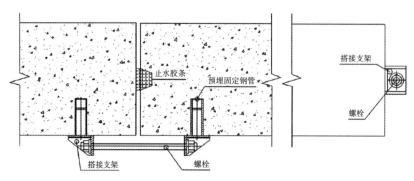

图 2.2-12　平口式接头示意图

（2）钢承口接头

钢承口接头如图 2.2-13 所示，钢板下方混凝土表面设置凹槽固定密封胶圈。这种接头形式适用于顶管施工，效果良好，但钢承口加工较困难，精度控制、转角处理、钢承口防腐等要求较高，现应用较少。

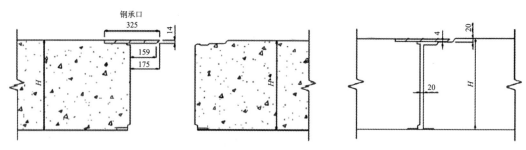

图 2.2-13　钢承口接头示意图（mm）

（3）承插式接头

承插式接头精度要求较高，抗渗效果好，是现行国家标准《城市综合管廊工程技术规范》GB 50838 推荐的接头形式。承插式接口分为凹槽式、正压式，如图 2.2-14 所示。

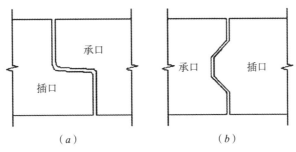

图 2.2-14　承插式接头示意图
（a）凹槽式；（b）正压式

　　凹槽式承插接头也称为企口接头，是目前比较常用的承插口接头形式。现行行业标准《预制混凝土箱涵》JC/T 2456 根据企口接头细节的差别将其分为 A 型、B 型、C 型企口式预制管廊接头，如图 2.2-15 所示。

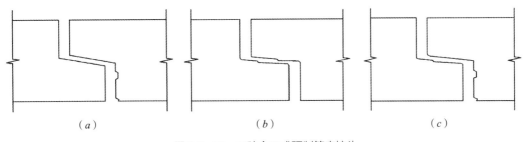

图 2.2-15　三种企口式预制管廊接头
（a）A 型；（b）B 型；（c）C 型

　　企口的水平面称为工作面，竖直面称为端面。其中，A 型企口工作面无止胶台，承口端面预留凹槽，密封胶圈安装在端面，施工对接阻力小，抗渗能力不高，可应用于防水要求较低的工程；B 型企口承、插口工作面均有止胶台，端面无凹槽，密封胶圈安装在工作面，施工对接阻力较大，抗渗性能优于 A 型；C 型插口工作面有止胶台，承口端面预留凹槽，可在工作面与端面安装两道密封胶圈，防水效果好，详见表 2.2-7。

接头形式对比 　　表 2.2-7

	平口式接头	钢承口接头	承插式接头
工艺要求	制作简单、精度要求低	加工困难、精度控制、转角处理、防腐要求高	制作难度一般、精度要求较高
对接难度	简单	较难	一般
顶管施工	适用	适用	不适用
抗渗效果	差	良	优
应用情况	应用较少	应用较少	规范推荐、常用

3．按界面应力方式分类

预制装配式综合管廊按提供接头界面的应力方式可分为螺栓连接接头、预应力筋连接接头、无连接钢筋接头。

（1）螺栓连接接头

弧形螺栓连接接头如图 2.2-16 所示。螺栓连接具有预留孔道短、安装方便、工艺简单、施工速度快等优点，但也存在单个螺栓提供的应力较小问题；因此，可能需要通过增加螺栓数量来达到提高应力的目的，减慢施工速度。同时，预留弧形孔道增加了预制难度。

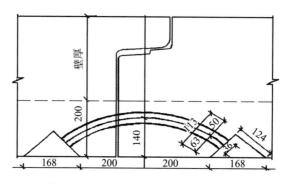

图 2.2-16　弧形螺栓连接接头（mm）

（2）预应力筋连接接头

预应力筋连接分为两种形式：相邻式预应力连接与贯穿式预应力连接，分别如图 2.2-17、图 2.2-18 所示。

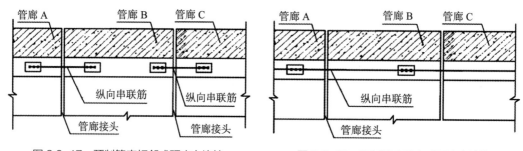

图 2.2-17　预制管廊相邻式预应力连接　　　图 2.2-18　预制管廊贯穿式预应力连接

目前，预制综合管廊的连接以预应力筋连接为主。相比贯穿式预应力连接，相邻式连接穿筋张拉更频繁，工艺相对繁杂，但所需张拉力较小，张拉相对简单。其中，相邻式连接预应力筋可采用预应力螺栓代替；贯穿式连接所需张拉应力较大，通过对整个管节施加预压应力，可提高管廊的抗裂能力。

1）相邻式预应力连接

单舱、双舱预制节段连接（相邻式预应力连接）平面示意图如图 2.2-19、图 2.2-20 所示。单舱、双舱相邻式预应力连接示意图及变形缝位置现浇接头示意图如图 2.2-21～图 2.2-24 所示。拼装结束后，连接箱用 C35 细石混凝土填实。变形缝位置的预制节段端面应预埋环向镀锌钢板止水带，并在脱模后进行凿毛处理。

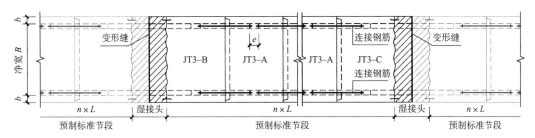

图 2.2-19　单舱预制节段连接（相邻式预应力连接）平面示意图

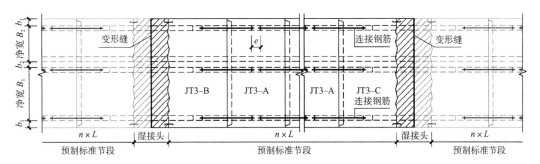

图 2.2-20　双舱预制节段连接（相邻式预应力连接）平面示意图

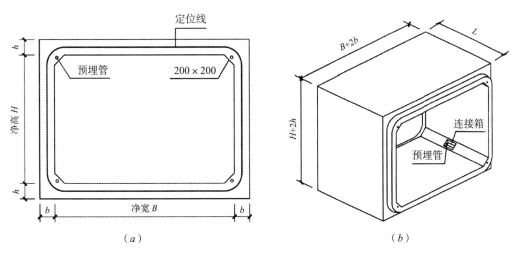

（a）　　　　　　　　　　　　（b）

图 2.2-21　相邻式预应力连接示意图（单舱）（mm）

（a）端面构造图；（b）三维图

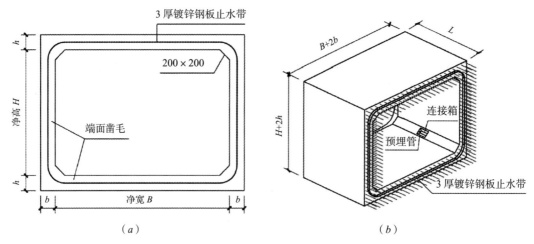

图 2.2-22 变形缝位置现浇接头示意图（单舱）（mm）
（a）端面构造图；（b）三维图

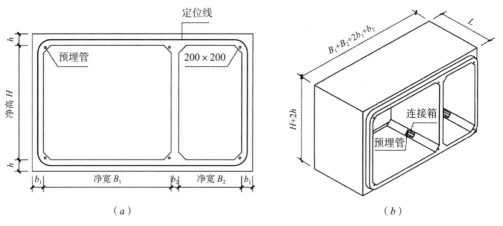

图 2.2-23 相邻式预应力连接示意图（双舱）（mm）
（a）端面构造图；（b）三维图

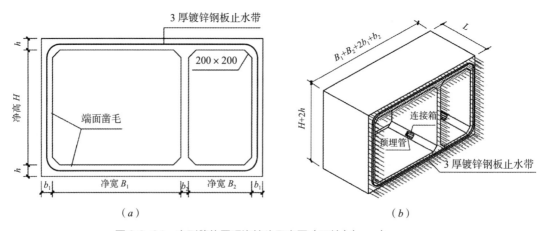

图 2.2-24 变形缝位置现浇接头示意图（双舱）（mm）
（a）端面构造图；（b）三维图

　　插口工作面 + 端面双胶圈接头构造大样及细部尺寸如图 2.2-25、图 2.2-26 所示，检测孔沿管廊内侧壁均匀布置且不少于 4 个，宜布置于各边中点处。插口工作面 + 端面双胶圈接头拼缝防水应采用弹性橡胶密封圈、遇水膨胀橡胶复合密封圈或丁基腻子橡胶复合密封圈为主要防水措施。嵌缝采用混凝土建筑接缝用密封胶，其中外侧为低模量级别，内侧为高模量级别。采用插口工作面 + 端面双胶圈密封接头时，工作面坡度 i 宜为 $4° \sim 6°$。图中尺寸仅供参考，设计者也可根据工艺进行调整。

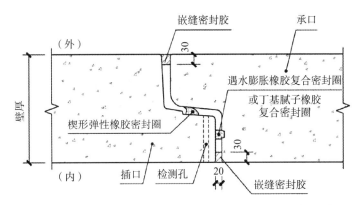

图 2.2-25　插口工作面 + 端面双胶圈接头构造大样（mm）

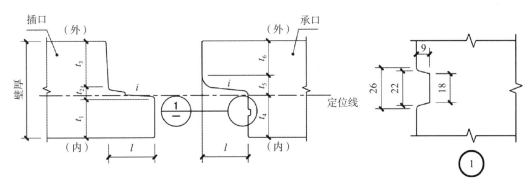

图 2.2-26　插口工作面 + 端面双胶圈接头细部尺寸（mm）

　　端面双胶圈接头局部构造示意如图 2.2-27、图 2.2-28 所示，检测孔沿管廊内侧壁均匀布置且不少于 4 个，宜布置于各边中点处。端面双胶圈接头拼缝处应采用遇水膨胀橡胶复合密封圈或丁基腻子橡胶复合密封圈为主要防水措施。嵌缝采用混凝土建筑接缝用密封胶，其中外侧为低模量级别，内侧为高模量级别。图中尺寸仅供参考，设计者也可根据工艺进行调整。

　　连接箱断面构造大样及三维示意图如图 2.2-29、图 2.2-30 所示。其中 e、α、β 为连接箱的定位尺寸，连接箱尺寸应满足千斤顶的张拉要求，并不应切断受力主筋。连接钢筋的规格和数量根据实际情况计算后确定。

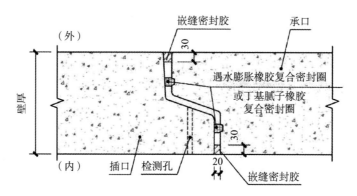

图 2.2-27　端面双胶圈接头构造大样（mm）

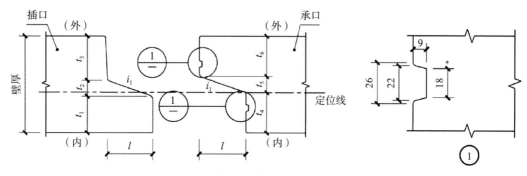

图 2.2-28　端面双胶圈接头细部尺寸（mm）

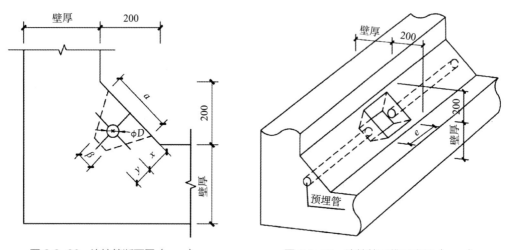

图 2.2-29　连接箱断面图（mm）　　　　图 2.2-30　连接箱三维示意图（mm）

2）贯穿式预应力连接

单舱、双舱预制节段连接（贯穿式预应力连接）平面示意图如图 2.2-31、图 2.2-32 所示。单舱、双舱贯穿式预应力连接示意图及变形缝位置现浇接头示意图如图 2.2-33 ~ 图 2.2-36 所示。剪力键、张拉槽等构造图及张拉槽三维示意图如图 2.2-37 ~ 图 2.2-39

所示，剪力槽应与剪力键匹配，省略大样示意。剪力键横向间距为 700mm，竖向间距为 600mm，剪力键数量及尺寸 a_1、c_1、w 根据断面实际尺寸确定。变形缝位置的预制节段端面应预埋环向镀锌钢板止水带，并在脱模后进行凿毛处理。

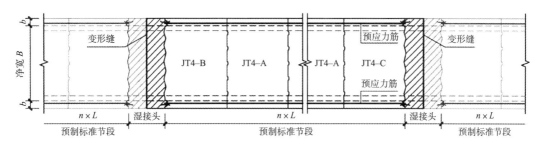

图 2.2-31　单舱预制节段连接（贯穿式预应力连接）平面示意图

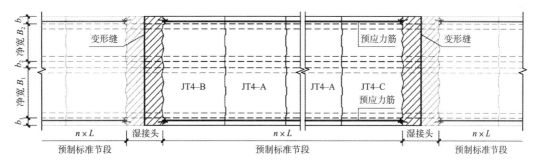

图 2.2-32　双舱预制节段连接（贯穿式预应力连接）平面示意图

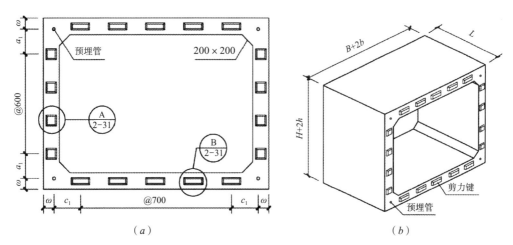

图 2.2-33　贯穿式预应力连接示意图（单舱）（mm）
（a）剪力键端面构造图；（b）三维图

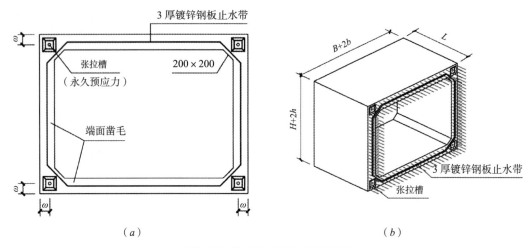

图 2.2-34　变形缝位置现浇接头示意图（单舱）（mm）
（a）张拉槽端面构造图；（b）三维图

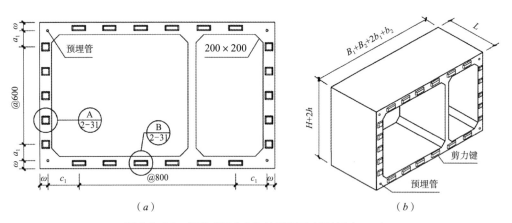

图 2.2-35　贯穿式预应力连接示意图（双舱）（mm）
（a）剪力键端面构造图；（b）三维图

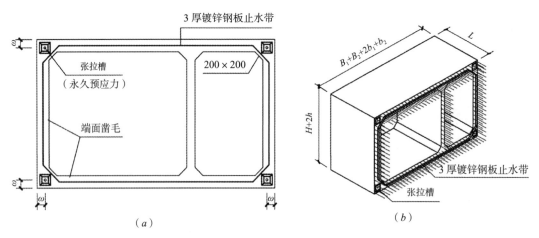

图 2.2-36　变形缝位置现浇接头示意图（双舱）（mm）
（a）张拉槽端面构造图；（b）三维图

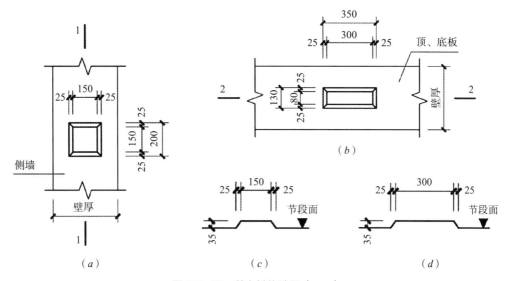

图 2.2-37 剪力键构造图（mm）

（a）侧墙剪力键构造图；（b）顶、底板剪力键构造图；（c）1-1 剖面图；（d）2-2 剖面图

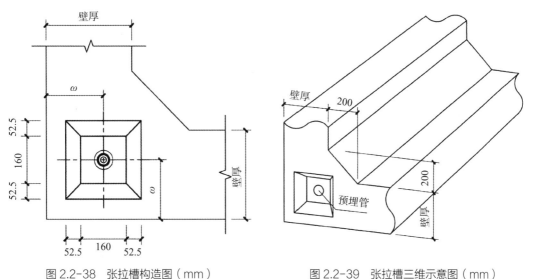

图 2.2-38 张拉槽构造图（mm）　　　　图 2.2-39 张拉槽三维示意图（mm）

（3）无连接钢筋接头

无连接钢筋接头的情况较少，主要用于顶管施工的钢承口接头以及作为伸缩缝的承插式接头。

单舱、双舱预制节段连接（无连接钢筋承插式接头）平面示意图如图 2.2-40、图 2.2-41 所示。无连接钢筋承插式接头示意图如图 2.2-42~图 2.2-45 所示。插口工作面双胶圈接头构造大样及细部尺寸如图 2.2-46、图 2.2-47 所示，检测孔沿管廊内侧壁均匀布置且不少于 4 个，宜布置于各边中点处。采用插口工作面双胶圈密封接头时，工作面构造宜采用双台阶形式，工作面坡度 i_1、i_2 宜保持在 4° 以下。弹性橡胶密封圈尺寸由设计确定。嵌缝采用混凝土建筑接缝用密封胶，其中外侧为低模量级别，内侧为高模量级别。

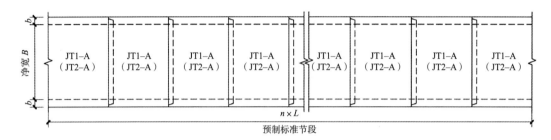

图 2.2-40　单舱预制节段连接（无连接钢筋承插式接头）平面示意图

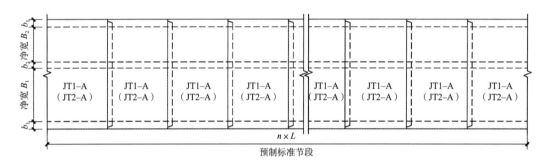

图 2.2-41　双舱预制节段连接（无连接钢筋承插式接头）平面示意图

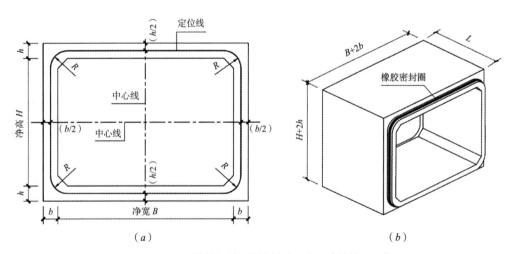

（a）　　　　　　　　　　　　　　　　　（b）

图 2.2-42　无连接钢筋承插式接头示意图（单舱Ⅰ型）
（a）端面构造图；（b）三维图

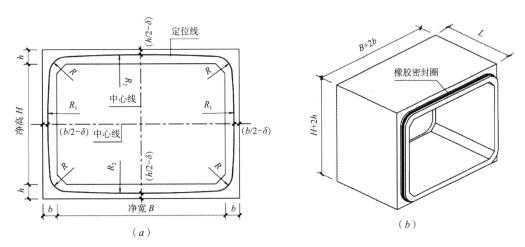

图 2.2-43 无连接钢筋承插式接头示意图（单舱Ⅱ型）

（a）端面构造图；（b）三维图

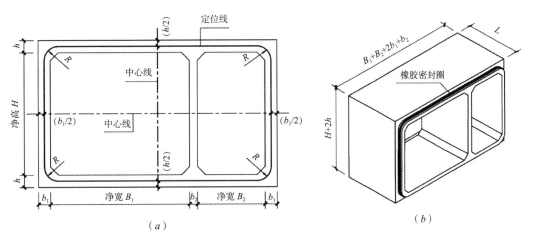

图 2.2-44 无连接钢筋承插式接头示意图（双舱Ⅰ型）

（a）端面构造图；（b）三维图

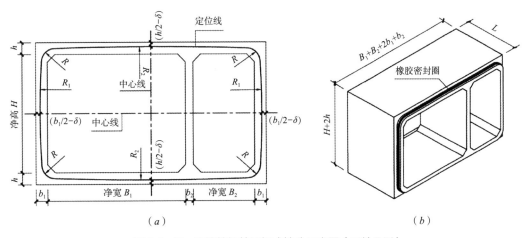

图 2.2-45 无连接钢筋承插式接头示意图（双舱Ⅱ型）

（a）端面构造图；（b）三维图

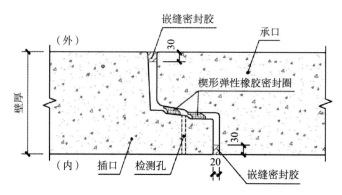

图 2.2-46　插口工作面双胶圈接头构造大样（mm）

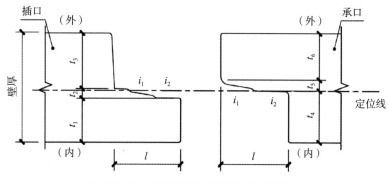

图 2.2-47　插口工作面双胶圈接头细部尺寸

　　螺栓连接接头、预应力筋连接接头、无连接钢筋接头，接头应力提供方式对比见表 2.2-8。

接头应力提供方式对比　　　　　　　　　　　　　表 2.2-8

	螺栓连接接头	预应力筋连接接头		无连接钢筋接头
		相邻式	贯穿式	
工艺要求	制作较复杂、张拉较频繁、工艺简单、张拉应力小	张拉较频繁、工艺简单、张拉应力小	张拉次数少、工艺简单、张拉应力大	无需张拉预应力、安装方便
施工效率	较高	较高	高	高
顶管施工	不适用	不适用	不适用	适用
结构整体性	良	良	优	差
对地基基础要求	高	高	高	低
工程造价	相对较高	相对较高	相对较高	相对较低
应用情况	常用	常用	常用	不常用

4．节段预制接头构造优化

由于接缝预制精度、施工质量等原因，前述各类接头形式在实践中，在高地下水地区仍有一定的渗漏现象。因而，在工程施工过程中，每道接缝都应通过水压试验检验拼缝质量。为达到简化水压试验的目的，这里推荐适用于节段预制装配式综合管廊的接头构造设计。如图 2.2-48 所示，在壁板内部设置带螺栓管堵的钢管注浆管，伸入接缝橡胶圈内部密封空间。此注浆孔分别在顶底板、外墙壁板中间位置设置，每道横缝设置 4 处，可分别作为注浆施工的注浆孔和排气孔。

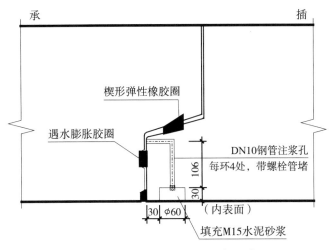

图 2.2-48　接缝构造优化图（mm）

此套注浆孔系统有着"一孔二用"的功能。在施工期，可在节段拼装张拉完成后，利用此套注浆孔系统可方便地进行现场压力注水试验，以及接缝质量检测。在使用期间，当发生接缝渗水事故时，可利用此套注浆孔系统进行接缝间的注浆止水修复。

相比有些工程中采用的接缝蓄水试验，利用注浆孔系统进行双胶圈内水压试验简单快捷。在工程中，每拼装一个节段就随之进行内水压力试验，合格一环后，再进行下一节段的拼装，有力地保障了接缝质量。

2.2.7　预埋件设计

用于固定连接件的预埋件与预埋吊件、临时支撑用预埋件不宜兼用；当兼用时，应同时满足各种设计工况要求。预制构件中预埋件的验算应符合现行国家标准《混凝土结构设计规范》GB 50010、《钢结构设计标准》GB 50017 和《混凝土结构工程施工规范》GB 50666 的有关规定。

预制拼装综合管廊应结合具体的入廊管线，在设计时对各支墩、支架进行考虑。

预制拼装综合管廊的预埋件设计包括以下内容：

（1）机电预留预埋

1）给水排水专业：预留洞口、支墩预埋、支架预埋；

2）暖通、燃气专业：预留洞口或预埋套管、支墩预埋、支架预埋；

3）电气专业：支架预埋、接地预埋、灯盒预留、墙体插座开关预留，配管、配线预留，墙体底部电线连接操作口等。

（2）生产预留预埋：构件脱模、起吊预埋吊件。

（3）吊装预留预埋：预制构件预埋吊件。

（4）入廊管线吊装预留预埋：预埋安装吊件。

预制拼装综合管廊附属机电设施宜采用明装方式，预埋件与主体结构连接。

连接节点应采取防腐措施，其耐久性应满足工程设计使用年限要求。所有外露金属构件的设计均应考虑环境类别的影响，须进行封锚或防腐防锈处理，有防火要求的连接件还应采取防火措施。

预制构件吊装用预埋吊件的位置应能保证构件在吊装、运输过程中平稳受力。设置预埋件、吊环、吊装孔及各种内埋式吊具时，应对构件在该处承受的吊装作用效应进行承载力的验算，并应采取构造措施避免吊点处混凝土局部破坏。

内埋式螺母或内埋式吊杆的设计与构造，应满足起吊方便和吊装安全的要求。专用内埋式螺母或内埋式吊杆及配套的吊具，应根据相应的技术规程选用。

综合管廊中各部位的金属预埋件应按照现行国家标准《混凝土结构设计规范》GB 50010 的有关规定确定。采用 HPB300 钢筋制作的吊环锚入混凝土的深度应符合相关要求且不小于 30d，并应焊接或绑扎在钢筋骨架上。在构件的自重标准值作用下，每个吊环按两个截面计算的吊环应力不应大于 65N/mm^2；当在一个构件上设有四个吊环时，应按三个吊环进行计算。

雨水舱两侧的隔墙，施工缝应预埋钢板止水带，止水钢板宽 300mm，通过焊接在钢板中心的水平短钢筋锚固在预制墙中。

综合管廊内宜设置顶部预埋吊钩以及底部预埋件，设置的间距根据具体工程要求确定。预埋 U 形钢筋直径不宜小于 20mm，锚固方式根据计算确定，要求较高时可以采用钢板锚接。

单舱、双舱预制节段侧面吊点布置三维图、横断面图、局部构造大样及孔口加强钢筋布置图如图 2.2-49 ~ 图 2.2-54 所示。应注意以下四点：

（1）吊装孔在吊装后应进行防腐处理，并采用 C40 细石混凝土或聚合物水泥砂浆封堵。

（2）吊点布置可根据实际情况进行调整，但必须报请设计单位同意。

（3）吊装孔预埋管由施工单位根据管廊重量及吊装设备选用并复核。

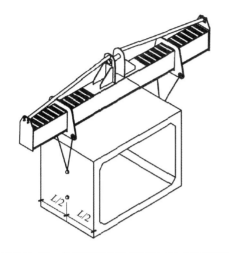

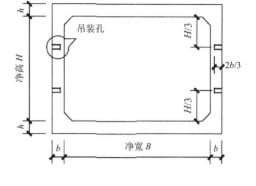

图 2.2-49　单舱预制节段侧面吊点布置三维图　　图 2.2-50　单舱预制节段侧面吊点布置横断面图

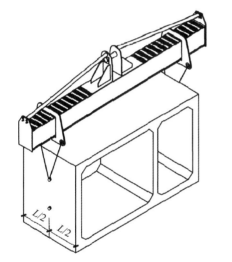

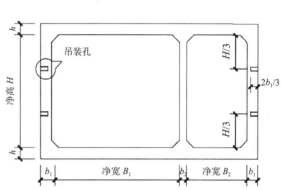

图 2.2-51　双舱预制节段侧面吊点布置三维图　　图 2.2-52　双舱预制节段侧面吊点布置横断面图

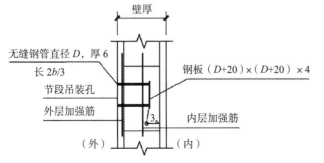

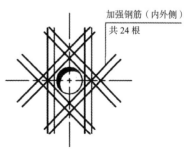

图 2.2-53　吊装孔预埋钢管构造大样（mm）　　图 2.2-54　孔口加强钢筋布置图

（4）吊装孔设加强钢筋，外层加强筋与钢管、受力主筋焊接，内层加强筋与钢管、构造筋或拉结筋焊接，原受力钢筋绕过孔洞。

单舱、双舱预制节段顶面吊点布置三维图及横断面图、平面图如图 2.2-55～图 2.2-58 所示。应注意以下三点：

（1）吊孔采用 $\phi 50 \times 3.7$ 的钢管或 PVC 管预埋成孔。在吊装后钢管应进行防腐处理，并采用 C40 细石混凝土或聚合物水泥砂浆封堵，上端围焊密封钢板密闭，钢管加工要求设置止水环。

（2）吊孔竖直埋设，平面偏差为 ±5mm。

（3）吊点布置可根据实际情况进行调整，但必须报请设计单位同意。

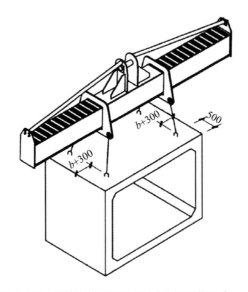

图 2.2-55　单舱预制节段顶面吊点布置三维图（mm）

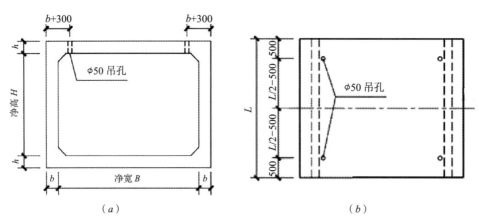

图 2.2-56　单舱预制节段顶面吊点布置图（mm）
（a）横断面图；（b）平面图

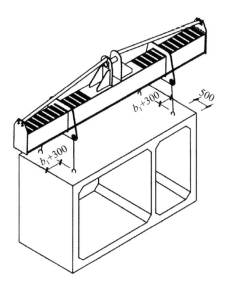

图 2.2-57　双舱预制节段顶面吊点布置三维图

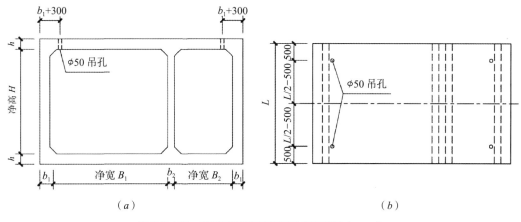

（a）　　　　　　　　　　　　　　　　　（b）

图 2.2-58　双舱预制节段顶面吊点布置图（mm）
（a）横断面图；（b）平面图

　　预制拼装综合管廊槽式预埋件布置及预埋件大样如图 2.2-59 ~ 图 2.2-62 所示。应注意以下六点：

　　（1）槽式预埋件可采用 Q235 级及以上碳素结构钢，根据工程设计可采用不锈钢槽式预埋件。

　　（2）槽式预埋件应采用齿牙咬合型组件，T 形螺栓与预埋槽的齿面接触均匀，啮合紧密。

　　（3）槽式预埋件三方向（F_x、F_y、F_z）设计承载力及变形应满足设计要求。

　　（4）槽式预埋件表面宜采用热浸镀锌，应符合现行国家标准《金属覆盖层　钢铁制件热浸镀锌层　技术要求及试验方法》GB/T 13912 的相关规定，镀锌层最小厚度应由设计人员根据工程实际情况确定。

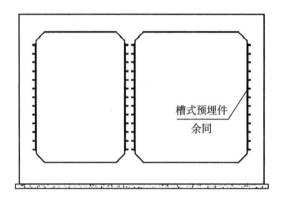

图 2.2-59 综合管廊槽式预埋件布置示意图

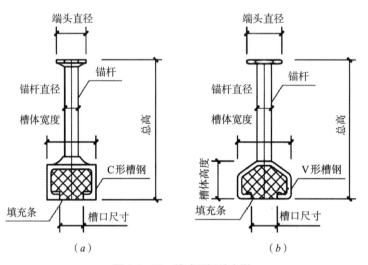

（a） （b）

图 2.2-60 槽式预埋件大样
（a）槽式预埋件 A；（b）槽式预埋件 B

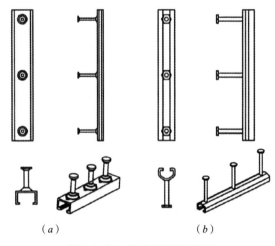

（a） （b）

图 2.2-61 槽式预埋件示意图
（a）槽式预埋件 A；（b）槽式预埋件 B

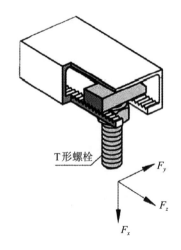

图 2.2-62 槽式预埋件荷载示意图

（5）槽式预埋件专用 T 形螺栓应与槽式预埋件配套使用，螺栓应符合现行国家标准《紧固件机械性能　螺栓、螺钉和螺柱》GB/T 3098.1 的相关规定。

（6）装配式支吊架及其预埋槽系统的电气接地必须与综合管廊结构外布置的电气接地网有效连接，确保接地电阻满足综合管廊设计要求。

2.2.8　抗震设计

预制装配式综合管廊工程应按乙类建筑物进行抗震设计，并应满足国家现行标准的有关规定。

预制装配式综合管廊工程的抗震设防目标为：

（1）当遭受低于本地区规定的抗震设防烈度的多遇地震（或称小震）影响时，管廊结构不损坏，对周围环境及管廊的正常运行无影响。

（2）当遭受相当于本地区规定的抗震设防烈度的地震（或称中震）影响时，管廊结构不损坏或仅需对非重要结构部位进行一般修理，对周围环境影响轻微，不影响管廊正常运行。

（3）受高于本地区规定的抗震设防烈度预估的罕遇地震（或称大震）影响时，管廊结构主要结构支撑体系不发生严重破坏且便于修复，无重大人员伤亡，对周围环境不产生严重影响，修复后的管廊可正常运行。

预制装配式综合管廊结构应符合建筑抗震概念设计要求，具有良好的整体性，在平面内宜规则、对称、平顺，竖向宜具有合理的刚度及承载力分布。地下综合管廊结构的平面、竖向规则性要求及结构体系要求，可参考现行国家标准《建筑抗震设计规范》GB/T 50011 的有关条文。

预制装配式综合管廊结构的抗震等级应符合下列规定：

（1）6、7 度时抗震等级不宜低于三级；

（2）8 度时抗震等级不宜低于二级。

预制装配式综合管廊结构的抗震构造措施可根据设防水平及结构的抗震等级，按现行国家标准《混凝土结构设计规范》GB 50010 和《建筑抗震设计规范》GB/T 50011 中有关条文执行。

预制装配式综合管廊所处的场地和地基应符合下列规定：

（1）应结合工程的特点并根据地震安全性评价报告，对沿线场地作出对抗震有利、不利地段的划分和综合评价。

（2）应避开不利地段，当无法避开时应采取有效的抗震措施。

（3）同一结构单元的基础不宜设置在性质截然不同或差异显著的地基上。

（4）地基为软弱黏性土、液化土、新近填土或严重不均匀土时，应估计地震时地基不均匀变形产生的不利影响，并采取相应的措施。

预制装配式综合管廊结构周围土体和地基存在液化土层时，应采取下列抗液化措施：

（1）对液化土层采取注浆加固和换土等消除或减轻液化影响的措施。

（2）进行地下结构液化上浮验算，必要时采取增设抗拔桩、配置压重等相应的抗浮措施。

（3）存在液化土薄夹层，或施工中深度大于 20m 的地下连续墙围护结构遇到液化土层时，可不做地基抗液化处理，但其承载力及抗浮稳定性验算应计入土层液化引起的土压力增加及摩阻力降低等因素的影响。

预制装配式综合管廊结构穿过地震作用下可能发生明显不均匀沉陷的地基时，应采取下列抗震构造措施：

（1）在结构的适当部位设置诱导缝，同时对其验算可能发生的相对变形，避免地震时断裂或脱开。

（2）加固地基处理，更换部分软弱土或设置桩基础深入稳定土层，以减小不均匀沉陷。

为防止地震对管廊及管线的安全性造成不良影响，预制装配式综合管廊应配置纵向连接预应力筋，并采用抗震性能良好的挠性接头。

综合管廊主体结构以外的结构构件、设施和机电等设备，及其自身与综合管廊结构主体的连接均应进行抗震设计，并应符合现行国家标准《建筑机电工程抗震设计规范》GB 50981 的相关规定。

2.2.9　防水设计

综合管廊防水设计应遵循"以防为主、刚柔结合、多道防线、因地制宜、综合治理"的原则，采取与其相适应的防水措施，并应符合现行国家标准《地下工程防水技术规范》GB 50108、《建筑与市政工程防水通用规范》GB 55030 的相关规定。地下结构以结构自防水为主，辅以附加柔性防水层防水。

预制装配式综合管廊工程防水设计宜根据工程的特点和需要搜集下列技术资料：

（1）地下水水位变化规律、地下水类型、腐蚀性介质的种类及含量等水文地质资料；

（2）工程地质资料；

（3）基础、结构特点及施工工艺；

（4）综合管廊规划及设计资料；

（5）现场施工条件和周边环境；

（6）相关设施资料。

综合管廊防水设计内容应包括：

（1）防水等级和设防要求；

（2）防水混凝土的抗渗等级和其他技术指标，质量保证措施；

（3）其他防水层选用的材料及其技术指标，质量保证措施；

（4）工程细部构造的防水措施，选用的材料及其技术指标，质量保证措施；

（5）工程的防排水系统，地面挡水、截水系统及工程各种洞口的防倒灌措施。

明挖法施工的综合管廊主体结构防水做法应符合表 2.2-9 的规定；结构接缝的防水措施应符合表 2.2-10 的规定。

预制装配式主体结构防水做法　　　　表 2.2-9

防水等级	防水做法	防水混凝土	外设防水层		
			防水卷材	防水涂料	水泥基防水材料
一级	不应少于 3 道	为 1 道，应选	不少于 2 道；防水卷材或防水涂料不应少于 1 道		
二级	不应少于 2 道	为 1 道，应选	不少于 1 道；任选		

地下综合管廊结构接缝的防水设防措施　　　　表 2.2-10

施工缝				变形缝					后浇带				诱导缝		
混凝土界面处理剂或外涂型水泥基渗透结晶型防水材料	预埋注浆管	遇水膨胀止水条或止水胶	中埋式止水带	外贴式止水带	中埋式中孔型橡胶止水带	外贴式中孔型止水带	可卸式止水带	密封嵌缝材料	外贴防水卷材或外涂防水涂料	补偿收缩混凝土	预埋注浆管	中埋式止水带	遇水膨胀止水条或止水胶	外贴式止水带	中埋式中孔型橡胶止水带	密封嵌缝材料	外贴式止水带	外贴防水卷材或外涂防水涂料
不应少于 2 种	应选	不应少于 2 种							应选	不应少于 1 种			应选	不应少于 1 种	

对于预制装配式综合管廊的防水，除满足相关规范要求外，优先推荐喷涂丙烯酸盐或喷涂聚脲等方式。该方式具有施工快捷、与混凝土基体粘结强度高、延性较高、适应性强等特点。

地下工程部分应采用自防水混凝土，设计抗渗等级应符合现行国家标准《城市综合管廊工程技术规范》GB 50838 的规定。

预制装配式综合管廊底板下部混凝土垫层，采用 C25 细石混凝土，厚度一般取 100～150mm，平整度不应大于 ±5mm；在软弱土层中，厚度可结合基底处理方案统一考虑。

附加防水层有卷材防水层、涂料防水层等，附加防水层应设在地下主体结构迎水面和初期支护或围护结构之间。附加防水层应符合下列要求：

（1）卷材防水层应根据施工环境条件、结构构造形式、工程防水等级要求选择材料品种和设置方式，并应符合下列规定：

1）卷材防水层宜为 1～2 层。高聚物改性沥青防水卷材单层使用时，厚度不宜小于 4mm，双层使用时，总厚度不应小于 6mm；合成高分子防水卷材单层使用时，厚度不宜小于 1.50mm，双层使用时，总厚度不宜小于 2.4mm；塑料树脂类防水卷材厚度宜为 1.20～2mm。

2）卷材及其胶粘剂应具有良好的耐水性、耐久性、耐刺穿性、耐腐蚀性和耐菌性。

（2）涂料防水层应符合下列规定：

1）涂层防水所选用的涂料应具有良好的耐水性、耐久性、耐腐蚀性，并且是无毒、难燃、低污染；有机防水涂料应具有较好的延伸性及适应基层变形的能力。

2）有机防水涂料厚度宜为 1～2mm，其中反应性涂料宜不小于 1.50mm。

嵌填密封胶应符合下列规定：

（1）基层应坚实，表面应平整、密实、干燥，不应有疏松、起皮、起砂。

（2）接缝中应设置背衬材料，并宜涂刷基层处理剂，涂刷应均匀，不应漏涂。

（3）接缝两侧基层应粘贴防粘隔离胶带。

（4）单组分密封胶可直接使用。多组分密封胶应根据规定的比例准确计量，并应拌合均匀。每次拌合量、拌合时间和拌合温度，应按所用密封材料的要求严格控制。

（5）采用胶枪嵌填时，应根据接缝的宽度选用口径合适的挤出嘴，应均匀挤出密封胶，并应由底部逐渐充满整个接缝。

（6）嵌填密封胶后，表干前应用腻子刀进行修整。

（7）对嵌填完毕的密封胶，应避免碰损及污染。

（8）密封胶嵌填应密实、连续、饱满，应与基层粘结牢固；表面应平滑，缝边应顺直，不应有气泡、孔洞、开裂、剥离等现象。

施工缝的施工应符合下列规定：

（1）水平施工缝浇筑混凝土前，应将其表面浮浆和杂物清除；然后铺设净浆或涂刷混凝土界面处理剂、水泥基渗透结晶型防水涂料等材料；再铺 30～50mm 厚的 1∶1 水泥砂浆，并应及时浇筑混凝土。

（2）垂直施工缝浇筑混凝土前，应将其表面清理干净，再涂刷混凝土界面处理剂或水泥基渗透结晶型防水涂料，并应及时浇筑混凝土。

处于侵蚀性介质中的综合管廊工程，应采用耐侵蚀的防水混凝土、防水砂浆、防水卷材或防水涂料等防水材料。

综合管廊结构变形缝位置宜采用延伸率较大的卷材、涂料等柔性防水材料。综合管廊的变形缝（诱导缝）、施工缝、后浇带、穿墙管、预埋件、预留通道接头、桩头、人员出入口、通风口等细部构造，应加强防水措施，并应符合现行国家标准《地下工程防水技术规范》GB 50108 的有关规定。

暗挖法施工的综合管廊结构防水设计尚应按现行国家标准《地铁设计规范》GB 50157 相关规定执行。

节段预制装配式综合管廊接头主要靠胶圈防水，有单胶圈或双胶圈形式，一般应以双胶圈形式为主。胶圈分为弹性橡胶圈与遇水膨胀橡胶圈，现行国家标准《城市综合管廊工程技术规范》GB 50838 提倡采用弹性橡胶与遇水膨胀橡胶制成的复合橡胶圈。单胶圈一般安装在工作面或端面，双胶圈一般工作面与端面各安装一条，也可两条胶圈均安装在工作面或端面上，如图 2.2-63 ~ 图 2.2-65 所示。一般双胶圈防水在双胶圈中间预留检测孔，同时也可作为灌浆孔。

接头预应力的大小应合适，过大会造成结构接头刚性增大，柔性减弱，适应变形能力减少；过小则不能对胶圈提供足够的压应力，导致防水失效，灌浆孔道是渗漏的有效补救措施，即使采用单胶圈防水，也建议在胶圈内侧预留灌浆孔道。孔道的位置与数量应合理，使其不受管廊内管道、线缆的影响，能在防水失效时方便灌浆补救。

对于伸缩缝处的防水构造，使用聚乙烯泡沫较合适，同时，应增大密封胶圈截面积，放宽拼缝外缘最大张开量限值。

钢承口接口属于刚性连接，其一般为平接口，分为单胶圈与双胶圈两种形式，图 2.2-66 为双胶圈钢承口式接头示意图。钢承插口适用于顶管施工，接口处一般不设

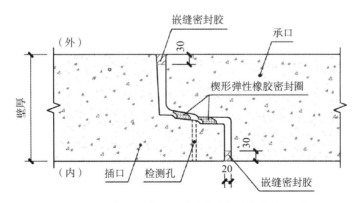

图 2.2-63　插口工作面双胶圈接头构造大样（mm）

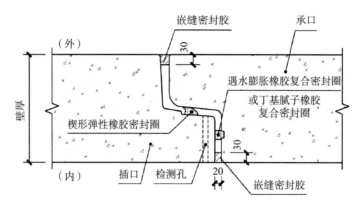

图 2.2-64 插口工作面 + 端面双胶圈接头构造大样（mm）

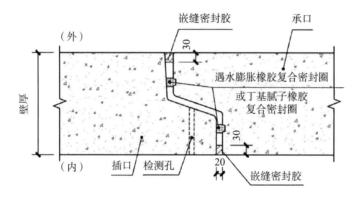

图 2.2-65 端面双胶圈接头构造大样（mm）

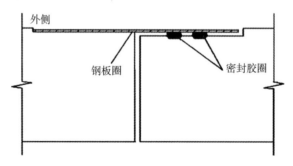

图 2.2-66 双胶圈钢承口式接头示意图

连接钢筋，应根据环境特点确定是否需要增加阴极保护措施。同时，其内侧接缝处加一层聚氨酯防水涂层或手刮聚脲涂层，对接缝进行保护。

钢承插口如用于普通开挖铺设的预制综合管廊则存在以下缺点：1）钢板圈易与混凝土脱离，形成绕渗；2）钢板圈暴露易腐蚀，需要进行阴极保护。其防水效果不理想，同时造成成本增加，施工不便。

目前常用的胶圈形式为 O 形胶圈和楔形胶圈，其中，O 形胶圈形状简单、制造容易、消耗材料少、成本较低。但采用滚动安装，其安装稳定性差，易产生扭曲和麻花，影响闭水性能，且胶圈压缩率取值较大，长期使用易疲劳，降低弹性。楔形胶圈具有一定的自密封效果，加工成本不高，采用滑动式安装，不会产生扭曲和麻花，安装位置稳定性好，运行过程中不易变位移动，断面形状合理，可取较低的面积压缩率。其他胶圈形式还包括齿形，具有自密封型密封的 K 形、M 形、C 形、Y 形等。

现行国家标准《城市综合管廊工程技术规范》GB 50838 建议复合密封垫宜采用中间开孔、下部开槽等特殊截面的构造形式，并应制成闭合框型。实际上，决定胶圈形式的主要因素包括安装难易程度，胶圈压缩性能、价格、防水效果等，实际选用时应按照价格合理、安装方便、防水效果好的原则挑选。在采用新型胶圈时，应开展充分的防水试验，验证防水效果。

预制装配式综合管廊的接口防水，以下为设计及施工防水质量的主要影响因素：

（1）垫层平整度影响

一般而言，在插口与承口处于同一平面上拼装时，插承口之间上下仅 4mm 间隙，因此垫层最高点与最低点高差不超过 4mm，否则可能在张拉中会发生插承口碰撞，尤其是中间部位，不能有大于 4mm 凸起点，会导致管廊一端翘起，影响安装。同时也会导致外侧胶圈局部压缩量过少，导致漏水。因此建议在实际施工中，对于管廊的垫层平整度须严格检测，采用水准仪密布控制点找平，严格控制高差，最高点与最低点高差建议控制在 2mm 内。

（2）构件承插口尺寸及平整度影响

管廊一般在预制厂生产，吊装运输到现场拼装。在出厂前应做好对成品构件接口尺寸的测量工作，严格保证接口尺寸与模具的尺寸误差在允许范围内，否则可能造成现场拼装失败。厂内预制应严格控制模具加工精确度，模具承口允许偏差为（+2，−1）mm，模具插口允许偏差为（+1，−2）mm。根据钢尺实测承插尺寸安排安装顺序，构件尺寸出现负偏差及大于 8mm 的正偏差情况须提前进行打磨修补处理。

插口、承口各点最大高差应小于 2mm，承插口的平整度超限后，直接导致内侧胶圈未压住而漏水。可以采取如下措施：

1）混凝土施工前对模板校核，测量承口、插口模板，避免模板偏差。

2）收面时面层控制，保证收面质量，在插口内外模高程控制好的情况下，收面靠模板进行，完成前采用仪器检验。

3）成品打磨，对于局部不平整度超限部位进行打磨。

4）安装调整，安装时检查不平整度，模板接缝导致的局部凸起，高处进行打磨，低处采用止水胶带贴补。

（3）胶圈厚度及硬度影响

胶圈厚度和硬度对管廊拼装也有一定影响，胶圈过硬，压缩量小，导致接缝变大；胶圈过软，导致接缝闭合后，胶圈压缩量不足，不能有效抵抗水压。对于不同规格断面的管廊，一般张拉控制应力不同，需经多次试验确定胶圈的合适厚度。同时胶圈的完整性对管廊密封性有很大影响，使用整环的橡胶圈比拼接的胶圈少了搭接薄弱点，防水性能相对较好。

（4）张拉程序的影响

管廊的接口连接，需要进行张拉。张拉顺序不对，可能造成一侧胶圈已经挤压完成，另一侧还有较大缝隙。根据现场经验，一般是平行插入，上下交替张拉，最好同步张拉，优先进行底部张拉。

第 3 章

构件生产

3.1　钢模具制作

装配式综合管廊具有结构断面大、自重大等特点，其模具应具有足够的强度、刚度和整体稳定性，且模具的精度将影响管廊构件生产、安装及结构防水质量。因此钢模板的制作是影响装配式综合管廊生产质量的关键因素之一。

3.1.1　基本要求

装配式综合管廊构件的模具必须满足承载力、刚度和整体稳定性要求，且应方便组装与拆卸，周转次数及经济性满足生产要求。

模具的制作宜采用精加工的钢模具，模具的部件制作应符合现行国家标准《钢结构设计标准》GB 50017 的相应规定，组合钢模具的制作应符合现行国家标准《组合钢模板技术规范》GB/T 50214 的相应规定。钢板原材料定尺采购，确保大块模板不采用钢板拼接，进场前必须按钢结构的有关规范和施工技术要求进行质量检验，并进行喷砂打磨等预处理。采用钢结构下料软件对模具的各个部位进行用料计算，同时考虑焊缝坡口的预留用料及阴阳接口预留尺寸。然后采用数控机床精密开料，控制模具精度，确保模板的尺寸。模板棱边、小半径圆弧面，务必采用相应模具的压板机进行压制，尽量开模一次成型；模板下料完成后，应进行法兰盘的拼装焊接，然后再进行加劲肋的焊接，加劲肋由于呈矩阵分布，焊接应力复杂，容易造成模板表面变形，建议应做试件进行焊接顺序研究。模具生产过程必须由专业检验人员按质量检测标准进行过程控制，检查连接紧固件是否完全紧固到位。

模具按设置方向的不同分为立式模具（图 3.1-1、图 3.1-2）和卧式模具（图 3.1-3、图 3.1-4）。所浇筑管廊节段构件节长方向垂直于水平面方向（即竖直方向）安装的模具为立式模具；所浇筑节段构件节长方向平行于水平面方向（即水平方向）安装的模具为卧式模具。

当管廊节段在横断面上由单个节段构件构成时，推荐采用立式模具。立式模具特点：模具结构简单、操作方便，适于大断面及多舱管廊生产。

当管廊节段在横断面上有两个（一般为上半部分、下半部分）节段构件时，推荐采用卧式模具。卧式模具特点：预制管廊节段拼接面靠侧模成型，其质量较好。

模具应配置液压千斤顶用于模具自动开模与合模；并配置高频振捣电机用于混凝土振捣。

模具表面应平整、光滑，不应有划痕、生锈、氧化层脱落等现象。

模具到场后应对模具组件及配件按照数量、规格、型号逐项检查。

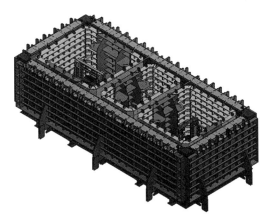

图 3.1-1　立式模具设计图

图 3.1-2　立式模具成品图

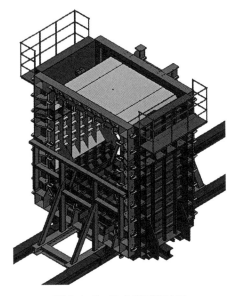

图 3.1-3　卧式模具设计图

图 3.1-4　卧式模具成品图

模具防锈漆、防锈油应涂刷均匀，不得有漏涂、流淌、皱皮、脱皮等现象。

模具各部件之间应连接牢固、紧密，预埋件位置应定位准确、连接可靠。

预应力构件的模具应根据设计要求预设反拱。

节段预制管廊模具通常由底座、内模、侧模、端模、调整螺杆及锁紧配件组成（图 3.1-5、图 3.1-6）。

叠合预制管廊分为预制部分及现浇部分，其中预制部分主要为叠合底板、竖向叠合夹心墙板（侧墙、隔墙）以及叠合顶板，其模具主要由底模、侧模组成（图 3.1-7、图 3.1-8）。

分块预制管廊模具通常由底模、侧模、端模组成（图 3.1-9、图 3.1-10）。

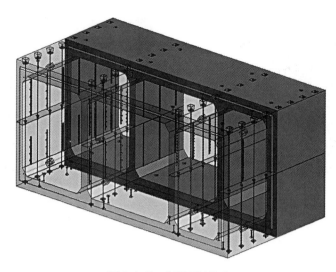

图 3.1-5　节段预制管廊

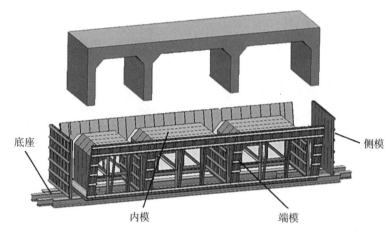

底座

侧模

内模　　　端模

图 3.1-6　节段预制管廊模具

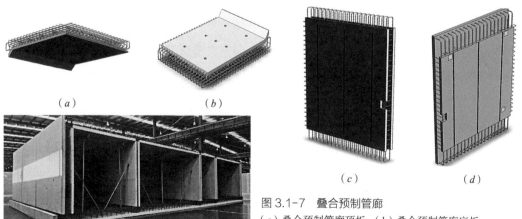

（a）　　　（b）　　　（c）　　　（d）

（e）

图 3.1-7　叠合预制管廊

（a）叠合预制管廊顶板；（b）叠合预制管廊底板；
（c）叠合预制管廊中墙；（d）叠合预制管廊外墙；
（e）叠合预制管廊构件拼装

图 3.1-8　叠合预制管廊模具

图 3.1-9　分块预制管廊模具

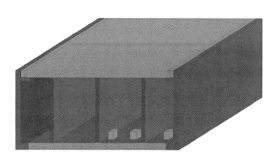

图 3.1-10　分块预制管廊

3.1.2　模具安装

拼装前应将模具表面及各部分结合面的混凝土残留物清理干净，使其表面光洁。清理模具时，严禁用锤敲击模内腔的任何部位。

隔离剂应选用质量稳定、适于喷涂、脱模效果好、不影响构件外观质量的隔离剂。

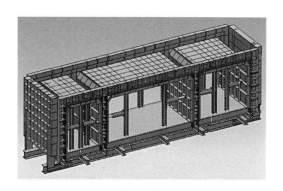

图 3.1-11　节段预制管廊模具合模

模具涂刷隔离剂、表面缓凝剂时应均匀，不应有漏刷、积聚、流淌的现象，且不得沾污钢筋及预埋件。

模具安装后应由相关人员进行质量检验，偏差不符合要求时，应重新校正模具。

节段预制管廊模具的合模顺序应按照模具结构的设计要求进行（图 3.1-11），一般流程为：底座拼装→内模拼装→侧模拼装→端模拼装→检验。

叠合预制管廊模具的合模顺序应按照模具结构的设计要求进行，一般流程为：底模拼装→侧模拼装→检验。

分块预制管廊模具的合模顺序应按照模具结构的设计要求进行，一般流程为：底模拼装→侧模拼装→端模拼装→检验。

3.2　钢筋骨架制作

3.2.1　基本要求

钢筋的种类、牌号、性能等应符合设计及现行国家标准《混凝土结构工程施工质量验收规范》GB 50204 的要求。

钢筋加工前应将表面清理干净，不得使用表面有颗粒状、片状老锈或有损伤的钢筋。

钢筋加工（图 3.2-1）宜采用数控钢筋弯曲中心、数控钢筋弯箍机、数控钢筋剪切机等数控设备。

钢筋加工应满足设计和相关标准要求。钢筋进入弯箍时应保持平衡、匀速，防止平面翘曲，成型后表面应无裂纹。

图 3.2-1　钢筋加工

3.2.2　钢筋骨架成型

节段预制管廊钢筋笼包括内层钢筋和外层钢筋（图 3.2-2、图 3.2-3），内层钢筋和外层钢筋通过支撑钢筋、斜筋等类型钢筋连接。内层钢筋包括多根水平的内层主筋和多根竖直的内层竖向钢筋，外层钢筋包括多根水平的外层主筋和多根竖直的外层竖向钢筋，主筋和竖向钢筋纵横交错，形成钢筋笼结构。钢筋交错之间通过焊接或绑扎固定。节段预制管廊钢筋骨架安装顺序为：内层主筋→内层分布筋→承口、插口、端口加强筋→外层分布筋→内外层支撑筋→外层主筋。节段预制管廊钢筋骨架成型宜在胎架上进行，应采取水平和竖向定位工具控制钢筋的间距和位置。管廊钢筋骨架宜采用自动焊接成型。焊点数量应不少于总连接点的 50% 且均匀分布。

图 3.2-2　节段预制管廊钢筋笼定位胎架

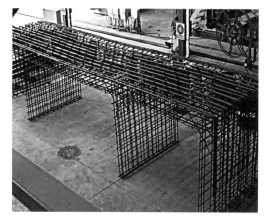

图 3.2-3　节段预制管廊钢筋笼骨架

叠合预制管廊预先在模具两侧安装钢筋定位装置，控制两端钢筋伸出长度达到一致（图 3.2-4、图 3.2-5）。按照图纸要求设置桁架筋，注意控制桁架距边模的距离；安装吊环钢筋，布置横向钢筋，各类钢筋安装完成后进行钢筋绑扎或焊接。叠合预制管廊桁架筋生产加工宜采用数控全自动钢筋桁架机。

分块预制管廊钢筋骨架宜采用专用胎架绑扎或焊接成型（图 3.2-6、图 3.2-7）。钢筋焊接接头、机械连接接头和套筒灌浆连接接头均应进行工艺检验，检验结果合格后方可进行预制构件生产。钢筋焊接接头和机械连接接头应全数进行外观质量检查。钢筋焊接接头、机械连接接头、套筒灌浆连接接头力学性能应分别符合现行行业标准《钢筋焊接及验收规程》JGJ 18、《钢筋机械连接技术规程》JGJ 107 和《钢筋套筒灌浆连接应用技术规程（2023 年版）》JGJ 355 的有关规定。

钢筋骨架成型后应有足够的刚度，焊点应牢固，不得松散、倾斜和扭曲变形。

钢筋骨架内外侧和下端面应设保护层垫块，垫块厚度应满足混凝土保护层设计要求。垫块宜采用高强砂浆垫块，垫块的强度等级不低于混凝土主体结构等级。垫块布置应合理、准确地绑扎在受力钢筋上，固定牢固，防止在浇筑过程中发生位移和滑落。

钢筋骨架成型后，应通过专用吊架吊运至钢筋骨架存放区。

图 3.2-4　叠合预制管廊钢筋绑扎

图 3.2-5　叠合预制管廊钢筋笼骨架

图 3.2-6　分块预制管廊钢筋绑扎

图 3.2-7　分块预制管廊钢筋笼骨架

3.2.3　钢筋骨架入模

应采用龙门吊等起重设备，通过专用吊架将钢筋骨架整体吊入模具内（图 3.2-8）。

钢筋网和钢筋骨架在整体装运、吊装就位时，应采用多吊点的起吊方式防止发生扭曲、弯折、歪斜等变形。吊点应根据其尺寸、重量及刚度而定。为了防止吊点处钢筋受力变形，宜采取兜底吊或增加辅助用具。

在进行钢筋骨架入模的过程中，吊装
人员应该熟悉操作规程，并且要保持沟通
畅通，确保吊装过程中的协调配合。同
时，需要确保吊装设备的稳定性和可靠
性，以防止意外发生。

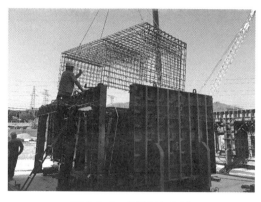

图 3.2-8　钢筋骨架入模

3.2.4　预埋件、预留孔洞安装

装配式综合管廊构件中有预埋钢筋、
止水钢板、哈芬槽、预埋吊点（吊钉、吊
环等）、预埋螺栓、预埋螺母件、灌浆套筒等预埋件（图 3.2-9 ~ 图 3.2-12），其中大部
分预埋件做外协加工制作，小部分可直接生产使用。预埋件中严禁采用冷拉钢筋，按

图 3.2-9　吊钉预埋

图 3.2-10　哈芬槽预埋

图 3.2-11　波纹管采用内插钢管定位及保护

图 3.2-12　波纹管预埋

工艺图纸中的预埋件详图执行加工，部分预埋件需要做镀锌处理，如止水钢板、哈芬槽等。

预埋件、预留孔洞安装应符合以下要求：

（1）钢筋安装时应同步安装预埋件及预留孔洞。

（2）预埋件及预留孔洞的尺寸、定位精度应符合设计要求。

（3）预埋件不得沾有油污和隔离剂。

（4）预埋件加工完成之后应采取防锈措施，预埋件应随制随用，集中分类存放。

（5）吊装预埋件及张拉锚固处的管廊部位应按设计要求配置局部加强钢筋。

3.3 混凝土浇筑

3.3.1 基本要求

装配式综合管廊的材料应根据结构类型、受力条件、使用要求和所处环境等因素进行选择。常用的材料为钢筋混凝土，在满足经济性的情况下可考虑采用纤维塑料筋、高性能混凝土等新型高性能工程建设材料。

混凝土强度等级、抗渗等级、抗冻等级、混凝土所用原材料、混凝土配合比设计、耐久性和工作性应满足现行国家标准和设计要求。

混凝土制备应符合下列规定：

（1）混凝土制备应采用具备自动计量系统的搅拌设备。

（2）应按混凝土施工配合比进行配料。

（3）混凝土宜采用强制式搅拌机，混凝土拌合物应均匀；当添加粉状外加剂或掺合料时，搅拌时间应适当延长。

（4）冬季生产时，当环境温度低于5℃时，应对骨料和水进行预热，搅拌的混凝土拌合物温度不宜低于10℃；夏季生产时搅拌的混凝土拌合物温度不宜高于30℃。

（5）混凝土拌合物应随拌随用，在初凝前浇筑完毕。

3.3.2 混凝土浇筑施工

浇筑混凝土前应进行钢筋及预埋件的隐蔽工程检查，隐蔽工程检查项目应包括：

（1）钢筋的牌号、规格、数量、位置和间距；受力钢筋的连接方式、接头位置、接头质量、接头面积百分率、搭接长度、锚固方式及锚固长度。

（2）预埋件、预留孔洞的规格、数量、位置及固定措施。

（3）钢筋的保护层厚度。

混凝土浇筑振捣（图 3.3-1）应符合下列规定：

（1）混凝土应分层加料，分层振捣密实。每层加料厚度为 300～400mm，送料斗出口应处于加料中心位置，并确保加料均匀。

（2）采用插入式振捣成型时，振动棒快插慢提，插入深度应控制在进入下层50～100mm，插入点之间的距离应小于振动器的有效作用半径，并按一定方向移动，不应漏振。振捣过程中振动棒不得碰撞钢模和预埋件。

（3）采用附着式振动器成型时，加料高度达 400mm 时起振，边振动边加料，直至混凝土浇筑完毕。

（4）混凝土浇筑应连续进行，层间振捣时间间隔不宜大于 30min。同时观察模板、钢筋、预埋件和预留孔洞的情况，当发现有变形、移位时，应立即停止浇筑，并在已浇筑混凝土初凝前对发生变形或移位的部位进行调整，完成后方可进行后续浇筑工作。振捣时间长短应随气候和混凝土拌合物性能而变化，以混凝土表面开始冒浆和不冒气泡为准。

（5）混凝土浇筑完成后，及时清除上端面余料，进行初步抹面。在混凝土终凝前，完成上端面处理，使端面光洁、平整，并与钢模上端基准面平齐。

（6）混凝土浇筑完成后应及时对管廊构件进行养护。

图 3.3-1　混凝土浇筑振捣

3.3.3 预制构件脱模

（1）管廊预制构件脱模（图3.3-2）时表面温度与环境温度的差值不宜大于25℃。

（2）构件脱模后堆放期间，白天宜每隔2h淋水养护一次，淋水时间不宜少于7d。如天气炎热或冬季干燥时，应采取覆盖保温、保湿等措施。

（3）模具拆除时混凝土强度应符合设计要求；当设计无要求时，模具拆除应符合现行国家标准《混凝土结构工程施工规范》GB 50666 的相关规定。

图3.3-2 管廊预制构件脱模

（4）预制构件脱模时，应保证预制构件表面及棱角不受损伤。

（5）应将模具和混凝土结构之间的连接全部拆除后再拆除模具，移动模具时不应碰撞预制构件。

（6）模具的拆除顺序应按模具拆除方案进行。

（7）板由内模、外模及边模组成时，脱模顺序宜先脱边模，再脱外模，最后脱内模，应采取必要的措施确保脱模及翻转过程中构件的完整性。

（8）装配式综合管廊构件开模时，混凝土强度等级应满足设计要求，且不得低于设计强度的75%。

（9）模具拆除后，应及时清理模具表面，并涂刷隔离剂。

3.4 构件养护

3.4.1 自然养护

自然养护（图3.4-1）指环境温度在5℃以上时，采用适宜的材料对混凝土表面加以覆盖及通过浇水等方法使混凝土在一定时间内保持适当的温度及湿度条件，使其强度正常增长。自然养护主要有覆盖浇水养护、薄膜布养护等。

对已浇筑完毕的混凝土，应在混凝土终凝前（通常为混凝土浇筑完毕后8~12h

内），开始进行自然养护。

　　混凝土采用覆盖浇水养护的时间：对采用硅酸盐水泥、普通硅酸盐水泥或矿渣硅酸盐水泥拌制的混凝土，不得少于 7d；对火山灰质硅酸盐水泥、粉煤灰硅酸盐水泥拌制的混凝土，不得少于 14d；对掺用缓凝型外加剂、矿物掺合料或有抗渗要求的混凝土，不得少于 14d。浇水次数应能保持混凝土处于湿润状态，混凝土的养护用水应与拌制用水相同。

图 3.4-1　自然养护

　　当采用塑料薄膜布养护时，其外表面全部应覆盖包裹严密，并应保证塑料布内有凝结水。

　　当采用自然养护时，养护时间不宜少于 14d。

3.4.2　蒸汽养护

　　蒸汽养护（图 3.4-2）是指提高养护环境内水蒸气的温度，进而升高混凝土养护温度，加快水化反应的养护方法。在湿热环境下，混凝土内部的水化反应、气液相移动等反应速度加快，促进了内部结构的形成，缩短终凝时间，加速预制构件达到塑性要求。

　　装配式综合管廊构件宜采用蒸汽养护，采用蒸汽养护可分四个阶段：静停、升温、恒温和降温，每一阶段的养护温度及时间应根据试验确定。

图 3.4-2　蒸汽养护

　　当采用蒸汽养护时，应符合下列规定：

　　（1）静停阶段：当环境温度大于 20℃时，静停时间不宜少于 1h；当环境温度处于 5~20℃时，静停时间不宜少于 2h；当环境温度低于 5℃时，静停时间不宜少于 5h。混凝土表面收水结束后，可放微量蒸汽进行预养，预养升温速度不宜大于 5℃/h。

　　（2）升温阶段：养护升温速度不宜大于 20℃/h。

　　（3）恒温阶段：恒温最高温度宜为 60±5℃；恒温时间以保证构件达到脱模、起吊强度为原则，不宜少于 3h；恒温温度达不到要求时，应按温度 × 小时（即度时积）折算，延长恒温时间。

（4）降温阶段：养护降温速度不宜大于 20℃/h。

蒸汽养护过程中应控制养护温度，每小时测温至少一次，并应根据测温结果调整供气量，做好记录。

采用电加热养护时，应根据具体情况，选择电极加热法或电热毯加热法。

以 NBSAH 蒸汽发生器（型号：LDR 72-0.7-D，蒸汽发生量为 103kg/h）为例（图 3.4-3），介绍综合管廊构件常压电蒸汽养护流程。

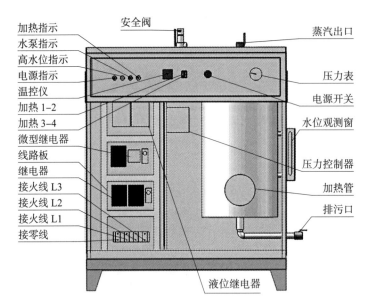

图 3.4-3　NBSAH 蒸汽发生器示意图（型号：LDR 72-0.7-D）

（1）综合管廊预制构件浇筑完成，且混凝土初凝后，在外部套上专用蒸汽养护罩，对管廊预制构件进行蒸汽养护。蒸汽养护罩将管廊预制构件连同模具整体覆盖，蒸汽养护罩底部密封，防止蒸汽在养护过程中泄漏。

（2）蒸汽罩内布设 $\phi80$ 的喷气主管，每隔 1.5m 设置 $\phi32$ 的喷气短管，用于蒸汽养护（图 3.4-4）。

（3）设置减压阀、闸阀、压力表，将蒸汽从主管道引入蒸汽罩内，并控制进入蒸汽罩内蒸汽流量。

（4）蒸汽养护

1）静停阶段：综合管廊预制构件在室温下静停 2～6h，防止管廊表面产生裂缝和疏松现象。

2）升温阶段：升温速度为 10℃/h，升温速度不宜过快，以免管廊表面和内部产生过大温差而出现裂纹。

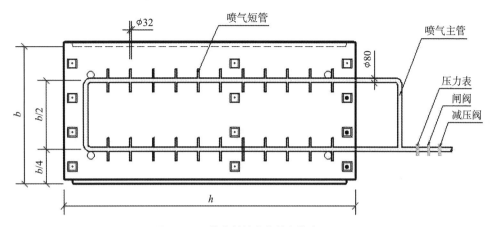

图 3.4-4　蒸汽养护中的蒸汽管布置图

3）恒温阶段：相对湿度控制在 90%～100%，温度控制在 60±5℃，持续时间 3～8h。

4）降温阶段：降温速度不宜过快，降温速度控制在 10℃/h 以内，降温至管廊预制构件表面温度与环境温度差值小于 5℃时，拆除蒸汽养护罩。

3.5　质量检验

3.5.1　模具安装

1．主控项目

（1）模具及所用材料、配件的品种、规格等应符合设计的规定。

检查数量：全数检查。

检验方法：观察，尺量，检查质量证明文件。

（2）模具的部件与部件之间应连接牢固；安装在模具上的预埋件应有可靠固定措施。

检查数量：全数检查。

检验方法：观察，摇动检查。

（3）模具接缝应紧密，清水混凝土构件的模具不应漏浆、漏水。

检查数量：全数检查。

检验方法：观察，盛水试验检查。

2．一般项目

（1）内表面的隔离剂应涂刷均匀、无堆积，且不应沾污钢筋；在浇筑混凝土前，模具内应无杂物。

检查数量：全数检查。

检验方法：观察。

（2）模具尺寸的允许偏差和检验方法应符合表 3.5-1 的相关规定。

检查数量：全数检查。

模具尺寸的允许偏差和检验方法　　　　　　表 3.5-1

序号	检验项目	允许偏差（mm）	检验方法
1	构件长度	0，−2	用钢尺量平行构件高度方向，取其中偏差绝对值较大处
2	截面尺寸	±2	用钢尺测量两端或中部，取其中偏差绝对值较大处
3	对角线差	3	用钢尺量纵、横两个方向对角线
4	侧向弯曲	$l/1500$ 且 ≤3	拉线，用钢尺量测侧向弯曲最大处
5	翘曲	$l/1500$ 且 ≤3	调平尺在两端量测
6	模板表面平整度	2	用 2m 靠尺和塞尺量
7	组装缝隙	1	用塞片或塞尺量
8	相邻模板表面高差	1	用钢尺量
9	承插口尺寸	±2	用钢尺量

注：l 为模具与混凝接触面中最长边的尺寸（mm）。

3.5.2　钢材及预埋件

1．主控项目

（1）钢筋的屈服强度、抗拉强度、伸长率、弯曲性能和重量偏差等物理力学性能应符合设计的规定。

检查数量：按进场批次和产品的抽样检验方案确定。

检验方法：检查出厂合格证和进厂复验报告。

（2）预应力筋应进行抗拉强度、伸长率检验等，其检验结果应符合设计和标准规定。

检查数量：按进场批次和产品的抽样检验方案确定。

检验方法：检查出厂合格证和进厂复验报告。

（3）预应力筋用锚具、夹具和连接器应进行检验，其性能应符合设计规定。

检查数量：按现行行业标准《预应力筋用锚具、夹具和连接器应用技术规程》JGJ 85 的规定确定。

检验方法：检查出厂合格证和进厂复验报告。

（4）预埋件用钢材及焊条的性能应满足设计要求，永久受力预埋件用钢板应做原材抽样复检，焊缝施工质量应符合设计及现行国家标准《钢结构工程施工质量验收标准》GB 50205 的规定。

检查数量：按现行国家标准《钢结构工程施工质量验收标准》GB 50205 的规定确定。

检验方法：观察检查，检查出厂合格证和进厂复验报告。

（5）钢筋焊接接头及钢筋制品的焊接性能应进行抽样检验，检验结果应符合现行行业标准《钢筋焊接及验收规程》JGJ 18 的规定。

检查数量：按现行行业标准《钢筋焊接及验收规程》JGJ 18 的规定确定。

检验方法：检查焊接试件检验报告。

（6）钢筋采用机械连接时，应进行检验，其接头质量应符合现行行业标准《钢筋机械连接技术规程》JGJ 107 的规定。

检查数量：按现行行业标准《钢筋机械连接技术规程》JGJ 107 的规定确定。

检验方法：检查质量证明文件、施工记录及平行加工试件的检验报告。

钢筋接头的方式、位置、同一截面受力钢筋的接头面积百分率、钢筋的搭接长度及锚固长度等应符合设计的规定。

检查数量：全数检查。

检验方法：观察和量测。

2．一般项目

（1）钢筋、预应力筋表面应无损伤、裂纹、油污、颗粒状或片状老锈。

检查数量：全数检查。

检验方法：观察。

（2）锚具、夹具、连接器、预埋件等配件的外观应无污物、锈蚀、机械损伤和裂纹。

检查数量：全数检查。

检验方法：观察。

（3）钢筋半成品尺寸的允许偏差和检验方法应满足表 3.5-2 的要求。

检查数量：每一工作班检验次数不少于一次，以同一设备加工的同一类型的钢筋半成品为一批，每批随机抽检数量不少于 3 件。

（4）管廊构件上的预埋件、预留孔洞宜通过模具进行定位，并安装牢固，其安装允许偏差和检验方法应满足表 3.5-3 的要求。

检查数量：按部位、类型抽检 10%。

钢筋半成品尺寸的允许偏差和检验方法　　表 3.5-2

序号	检验项目	允许偏差（mm）	检验方法
1	受力钢筋沿长度方向的尺寸	±5	用钢尺量
2	弯起钢筋的弯折位置	10	
3	箍筋外廓尺寸	±5	

管廊构件上的预埋件、预留孔洞的安装允许偏差和检验方法　　表 3.5-3

序号	检验项目及内容		允许偏差（mm）	检验方法
1	预埋槽	中心线位置	3	用尺量测纵、横两个方向的中心线位置，取其中较大值
		平面高差	±2	钢直尺和塞尺检查
2	预埋钢板	中心线位置	3	用尺量测纵、横两个方向的中心线位置，取其中较大值
		与混凝土表面高差	±2	钢直尺和塞尺检查
3	预埋钢筋	中心线位置	3	用尺量测纵、横两个方向的中心线位置，取其中较大值
		外露长度	+10，0	用尺量测
4	预埋吊件	中心线位置	3	用尺量测纵、横两个方向的中心线位置，取其中较大值
		外露长度	0，−5	用尺量测
5	预埋螺栓	中心线位置	2	用尺量测纵、横两个方向的中心线位置，取其中较大值
		外露长度	+2，0	用尺量测
6	预埋螺母	中心线位置	2	用尺量测纵、横两个方向的中心线位置，取其中较大值
		平面高差	0，−2	钢直尺和塞尺检查
7	预留孔洞	中心线位置	3	用尺量测纵、横两个方向的中心线位置，取其中较大值
		尺寸	+3，0	用尺量测纵、横两个方向尺寸，取其中较大值
8	灌浆套筒及连接钢筋	灌浆套筒中心线位置	1	用尺量测纵、横两个方向的中心线位置，取其中较大值
		连接钢筋中心线位置	1	用尺量测纵、横两个方向的中心线位置，取其中较大值
		连接钢筋外露长度	+5，0	用尺量测

（5）焊接成型的钢筋骨架应牢固、无变形。钢筋骨架漏焊、开焊的焊点数量不应超过焊点总数的 4%，且不应有相邻两点漏焊或开焊。

检查数量：全数检查。

检验方法：观察，摇动检查。

（6）钢筋安装应保证整体尺寸准确，并应符合现行国家标准《混凝土结构工程施工质量验收规范》GB 50204 的有关规定。管廊构件钢筋安装尺寸的允许偏差应符合表 3.5-4 的规定。

钢筋安装尺寸的允许偏差 表 3.5-4

序号	检验项目及内容		允许偏差（mm）
1	绑扎钢筋网	长、宽	±10
		网眼尺寸	±20
2	绑扎钢筋骨架	长、宽、高	±5
3	受力钢筋	间距	±10
		排距	±5
		保护层厚度	±5
4	绑扎箍筋、横向钢筋间距		±5
5	钢筋弯起点位置		10

3.5.3 混凝土浇筑

1．主控项目

（1）混凝土用的水泥、外加剂、掺合料等应有产品合格证，并应按有关标准的规定进行复验检测；骨料（砂、石）应按批次复检，并定期送第三方检测单位检测。检测质量应符合国家现行有关标准的规定。

检查数量：按批检验。

检验方法：检查出厂合格证和进厂复验报告。

（2）采用预拌混凝土时，其质量应符合现行国家标准《预拌混凝土》GB/T 14902的规定。

（3）混凝土的强度等级应满足设计要求。用于检验混凝土强度的试件应在浇筑地点随机抽取。

检查数量：对同一配合比混凝土，取样与试件留置应符合下列规定：

1）每拌制不超过 100m³ 时，取样不应少于 1 次；

2）连续浇筑超过 1000m³ 时，每 200m³ 取样不应少于 1 次；

3）每次取样应至少留置一组试件。

检验方法：检查施工记录及混凝土强度试验报告。

（4）混凝土中氯离子含量和碱总含量应符合现行国家标准《混凝土结构设计规范》GB 50010 的规定和设计要求。

检查数量：同一配合比的混凝土检查不应少于一次。

检验方法：检查原材料试验报告和氯离子、碱的总含量计算书。

（5）混凝土的抗渗性能应满足设计要求。

检查数量：按现行国家标准《地下防水工程质量验收规范》GB 50208 的规定。

检验方法：检查抗渗性能检验报告。

2．一般项目

（1）混凝土拌合物坍落度应满足设计及施工工艺的要求。

检查数量：每工作班不少于两次。

检验方法：检查坍落度检验记录。

（2）混凝土浇筑后应按设计要求和施工方案规定的养护方法和时间进行养护；当采用蒸汽养护时，升温速度、降温速度等不应超过设计和方案规定的数值。

检查数量：全数检查。

检验方法：观察，检查养护及测温记录。

（3）管廊构件的外观质量不得有严重缺陷，不宜有一般缺陷。

检查数量：全数检查。

检验方法：观察，检查技术处理方案。

（4）管廊构件的位置、允许偏差和检验方法应满足设计要求。当设计无具体要求时，应符合表 3.5-5 的规定。

管廊构件的位置、允许偏差和检验方法   表 3.5-5

序号	检验项目		允许偏差（mm）	检查数量		检验方法
				范围	点数	
1	构件长度		±5	每构件	2	用钢直尺量测
2	截面尺寸	宽	±3		2	用钢直尺量测
		高	±5		2	用钢直尺量测
		厚	±3		2	用钢直尺量测
3	对角线差		5		2	用钢直尺量测
4	表面平整度		2		2	用 2m 直尺、塞尺量测
5	侧向弯曲		$l/1000$ 且 ≤3		2	拉线，用钢尺量测侧向弯曲最大处
6	翘曲		$l/1000$ 且 ≤3		2	调平尺在两端量测
7	承插口尺寸		±2		2	用钢直尺量测

注：l 代表构件长度，单位为 mm。

3.6　构件起吊、存放

3.6.1　构件起吊

装配式综合管廊构件开模时，混凝土强度等级应满足设计要求，且不得低于设计强度的 75%。

装配式综合管廊结构的吊点（吊钉、吊环等）型号、数量、布置应满足设计要求，所采用的吊具和起重设备及其操作，应符合国家现行有关标准及产品应用技术手册的规定（图 3.6-1）。

吊装大型构件、薄壁构件或形状复杂的构件时，应使用分配梁或分配桁架类吊具，并应采取避免构件变形和损伤的临时加固措施。

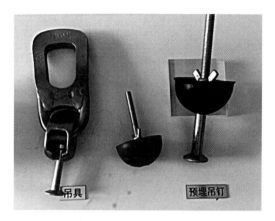

图 3.6-1　吊具及预埋吊钉

装配式综合管廊构件起吊及吊架安装（图 3.6-2 ~ 图 3.6-6）应符合下列规定：

（1）构件起吊时，混凝土强度等级应符合设计要求。当设计无要求时，不应低于设计强度的 75%。

（2）构件应按照吊装顺序预先编号，吊装时严格按编号顺序起吊。

（3）吊索水平夹角不宜小于 60°，不应小于 45°。

（4）管廊构件吊装前，应先进行试吊，确认无问题后，方可正式起吊。

（5）构件起吊应按吊点位置采用专用吊具进行。起吊应缓慢、平稳，不得紧急制动。

图 3.6-2　节段预制管廊构件起吊

图 3.6-3　叠合预制管廊吊架安装

图 3.6-4　叠合预制管廊构件起吊

图 3.6-5　分块预制管廊吊架安装　　　　图 3.6-6　分块预制管廊构件起吊

（6）构件需要翻转时，宜采用专用吊具或机械翻转台座进行。翻转时，应做好防护，不得损伤产品。

（7）底板、顶板预制构件宜采用框式吊具起吊，吊点位置通过计算确定；双层叠合式墙板宜采用专用吊梁四点起吊。

（8）应设专人指挥管廊构件吊装作业，操作人员应位于安全可靠位置。

（9）吊装作业区四周应设置明显标志，严禁非作业人员入内，夜间施工必须有足够的照明设施。

3.6.2　管廊构件存放

管廊构件存放（图 3.6-7）应符合下列规定：

（1）构件存放场地应坚实平整，并设置良好的排水设施。

（2）构件采用立式存放时，底部与地面间应支设柔性衬垫；采用卧式存放时，应采取措施确保构件稳固。

（3）重叠存放构件时，每层构件间的垫木或垫块应在同一垂直线上。

图 3.6-7　管廊构件存放

（4）构件存放时应对外露钢筋、预埋钢板、吊环等构件进行防锈、防腐保护。

（5）装配式综合管廊构件应在明显部位标明工程名称、生产单位、构件编号、生产日期和质量验收状态等，并辅以二维码等信息化标识。

（6）堆垛层数应根据构件与垫木或垫块的承载能力及堆垛的稳定性确定，必要时应采取构件防倾覆措施。

（7）当节段预制管廊采用卧式存放、构件高度不大于 2.0m 时，存放层数不宜超过 2 层；当构件高度大于 2.0m 时，存放层数宜为 1 层。当采用立式存放时，存放层数不宜超过 3 层。

（8）叠合预制管廊构件板类构件多层叠放时，叠放层数不宜超过 6 层。叠合墙类构件宜采用专用支架直立存放。

3.7　构件运输

3.7.1　基本要求

（1）运输方案：装配式综合管廊构件运输时应制订运输计划及方案，包括运输时间、次序、存放场地、运输线路码放支垫及成品保护措施等内容。对于超高、超宽、形状特殊的大型构件的运输和存放应采取专门措施。

（2）查看运输路线：管廊构件运输前应对运输路线进行勘查，熟悉路线的道路情况，运输道路应有足够的路面宽度和转弯半径，沿线净高满足运输要求，途经桥梁应有足够的承载能力，行车时应控制车速，平稳行驶。

（3）出厂运输时，管廊构件的混凝土强度不得低于设计要求，当设计无具体规定时，不得低于设计强度的 75%。

（4）构件装车顺序宜按结构安装顺序摆放，构件运输至施工现场的卸货位置应便于吊车吊运安装，减少二次搬运，现场堆放场地应作硬化处理。

3.7.2　运输工具

装配式综合管廊构件常用运输设备为低平板运输车（图 3.7-1），运输过程中常用工具包括吊索、框架梁吊具等（图 3.7-2、图 3.7-3）。管廊构件运输车辆应满足构件尺寸和载重要求，构件装卸过程中，应采取保证车体平衡、防止车体倾覆的措施。吊装工具包括吊索、吊装钢丝绳、框架梁吊具等，根据吊装构件类型、重量等选择合适规格的吊具。钢丝绳用于固定预

图 3.7-1　低平板运输车

图 3.7-2　吊索　　　　　　　　　　　　图 3.7-3　框架梁吊具

制构件，防止运输过程中预制构件掉落，发生安全事故。垫木用于上下层构件间，起支撑作用，防止构件接触表面因碰撞发生损坏。

3.7.3 运输安全管理及成品保护

应在运输前进行安全技术交底，确保运输安全。

管廊构件支承的位置和方法，应根据其受力情况设计确定，不应引起混凝土的超应力或损伤。

管廊构件运输时应连接牢固，防止移动或倾倒；对管廊边缘或与链索接触处应采用衬垫加以保护（图 3.7-4）。

构件在运输过程中应使用一个或多个支架进行固定。叠合底板与叠合顶板构件

图 3.7-4 管廊构件运输

宜水平叠放在垫木上，叠放高度不大于 2m，且至少用两道紧绳器与车辆固定。

运输过程中每行驶一段路程应及时检查运载的预制构件稳定及紧固情况，如发现移位、捆扎和防滑垫块松动时，要及时处理。

管廊构件运输过程中应满足道路交通安全的有关要求，避免急刹车、急转弯或突然加速对管廊构件造成损坏。

第 **4** 章

构件安装

4.1 节段预制管廊安装

4.1.1 节段预制管廊构件安装

1. 安装施工流程

安装施工流程如图 4.1-1 所示。

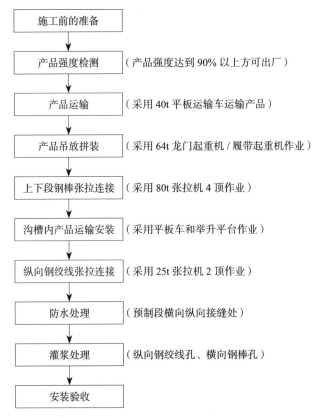

图 4.1-1　安装施工流程图

2. 管廊预制件安装

（1）管廊预制段基坑施工

预制段基坑支护及开挖施工同现浇段。

（2）安装测量放线

根据设计图放线定位，定出管廊中心线及两侧边线位置，确认管廊设置位置并用黑墨线标识。

（3）垫层找平施工

垫层根据项目设计图纸或其他相关要求设置，一般用砂灰找平层施工，灰砂配合比为1∶3，拌合均匀；安装前均匀地平铺于垫层上，标准厚度为2cm，用长平尺刮平，找平后才能进行产品安装。

（4）产品运输、存放

构件出厂：出厂前对管廊构件强度进行检测，使用混凝土回弹仪分别对构件墙体及顶、底板进行检测，检测强度达到设计强度的90%以上时，方可出厂。下部构件应在工厂内翻转完成。

运输量：视项目实际情况而定。

运输计划：视项目实际情况而定。

构件存放：管廊运输到现场后，使用履带起重机/汽车起重机进行卸车，产品进场及存放顺序按照设计图纸进行。下部构件依次吊放在沟槽内，上部构件依次吊放于运输道路上。从里面向入口侧顺序摆放，安装时从入口开始向里面顺序进行。也可边运输边吊装。

构件防护：在运输及存放过程中，特别注意管廊的承插口及预留开口等特殊结构的保护，并应用枕木铺垫其下。

（5）管廊预制件吊装（图4.1-2～图4.1-4）

根据现场交通状况组织交通疏解。管廊节段可采用相应龙门起重机、履带起重机（或汽车起重机）吊装，吊放过程中应轻起轻放，禁止对构件造成损坏，并做好安全防护，确保吊装过程安全。

图 4.1-2　全断面预制管廊吊装

图 4.1-3　上、下两节段预制管廊吊装

图 4.1-4　上、下两节段预制管廊拼装

（6）构件上、下拼装（图 4.1-5 ~ 图 4.1-7）

下部产品清理→粘贴止水胶条和橡胶板→下部产品吊运→下部产品吊放到位→上部产品清理→粘贴止水胶条→上部产品吊运→上、下部产品接口对正→上部产品安装到位→插入钢棒、放入垫板及锚具并张拉锁死。

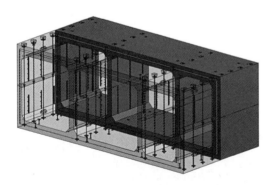

图 4.1-5　管廊拼装连接 3D 透视图

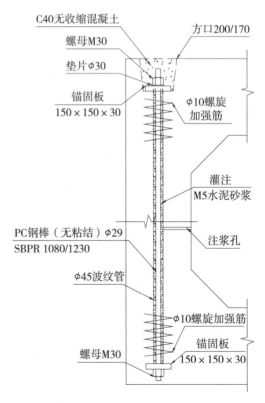

图 4.1-6　竖向连接示意图（mm）

图 4.1-7　高性能 PC 钢棒

上、下部 PC 钢棒连接：

1）下部产品吊装到位。

2）在侧壁预埋 PC 钢棒上安装连接套筒，再将上段 PC 钢棒安装其上，并用扳手拧紧。

3）吊装上部产品，当上部产品的钢棒预留孔与下部产品的伸出钢棒对齐时，缓慢放下上部制品。

4）在顶板钢棒预留槽内放入锚固钢板及螺母，并拧紧。

5）顶板钢棒上安装连接套管及连接钢棒，并拧紧。

6）在连接钢棒上套入千斤顶并用螺母锁死。

7）确认张拉力，启动千斤顶。

8）加力到设计要求时，停止张拉，用扳手锁死顶板钢棒上的螺母。

9）千斤顶顶力，拧开螺母，取下千斤顶。

10）拧开连接钢棒和套管。

PC 钢棒张拉程序：管廊顶板钢棒 ϕ29 共 16 根，张拉时分两次施力；按顺序、位置张拉完成。张拉力控制值按表 4.1-1 确定。

张拉力控制值　　　　　　　　　　　　　　　表 4.1-1

次数	设计力（t）	千斤顶顶力（t）	压强表读数（MPa）
第一次	30	30	24
第二次	61	61	48.5
1MPa 在千斤顶上产生 1.25t 的抬升力（以检验鉴定为准）			

第一次加力为 30t 对应张拉机压强表读数为 24MPa。

1）张拉顺序：①→②→③→④。

2）张拉位置如图 4.1-8 ~ 图 4.1-10 所示。

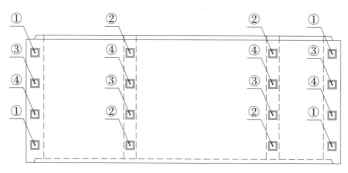

图 4.1-8　张拉位置图

第二次加力为61t对应张拉机压强表读数为48.8MPa，张拉顺序、张拉位置同第一次。

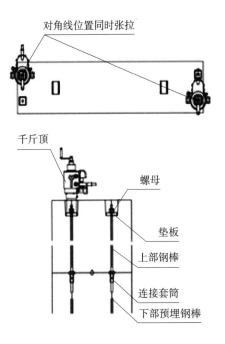

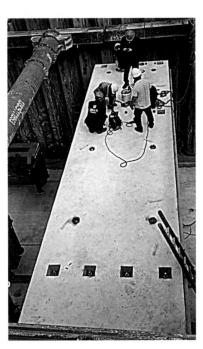

图4.1-9　PC钢棒张拉示意图　　　　　图4.1-10　PC钢棒张拉现场

（7）安装车运输安装

产品上、下拼装张拉完成后，由平板车托运到设计安装位置，并进行纵向张拉连接及防水作业等。

运输安装步骤如图4.1-11～图4.1-26所示。

1）把垫块、牵引设备及升降架运输到待安装位置，准备完成。

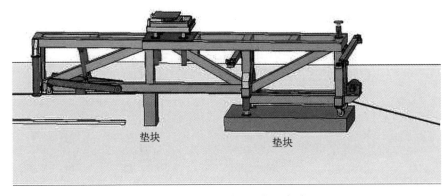

图4.1-11　施工步骤示意图（1）

2）先把下段管廊吊放于平板车上，再把上段管廊吊放其上，进行上、下段拼装，拼装完成后用平板车运输到安装起点，平板车沿固定槽道前行，用卷扬机牵引。

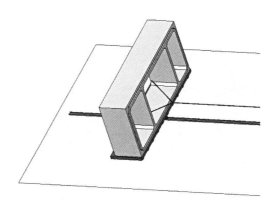

图 4.1-12　施工步骤示意图（2）

3）平板车把管廊运入举升平台，支起举升平台前支腿千斤顶，并移除支撑垫块。

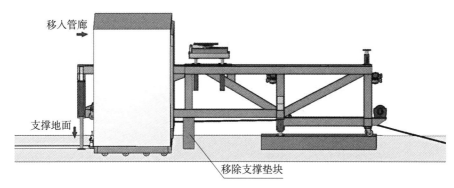

图 4.1-13　施工步骤示意图（3）

4）平板车继续前行，把管廊运送到举升平台千斤顶位置。

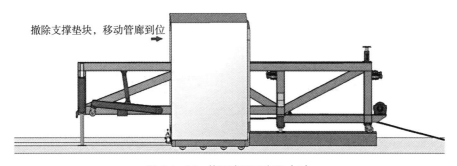

图 4.1-14　施工步骤示意图（4）

5）升起举升平台千斤顶，抬起管廊，移出平板车。

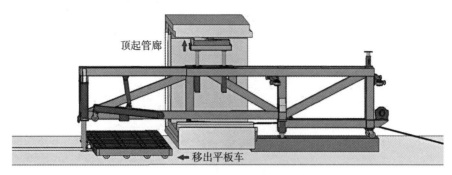

图 4.1-15　施工步骤示意图（5）

6）落下举升平台千斤顶，管廊就位，放入支撑垫块。

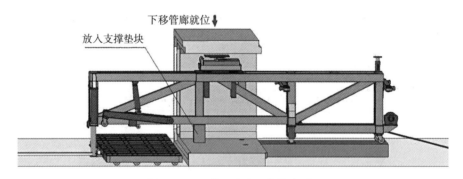

图 4.1-16　施工步骤示意图（6）

7）升起前支腿千斤顶，把平板车移送回起始点。

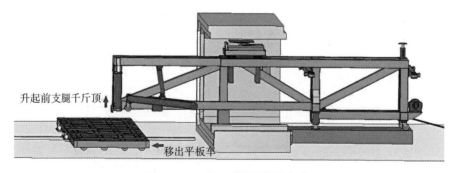

图 4.1-17　施工步骤示意图（7）

8）放下前轮，移除垫块，再收起后支腿千斤顶。

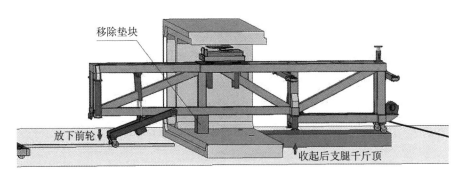

图 4.1-18　施工步骤示意图（8）

9）移动举升平台，前进一标准节管廊长度，下降后支腿千斤顶支撑于管廊上。

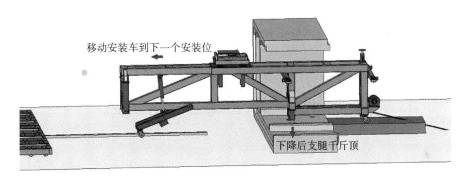

图 4.1-19　施工步骤示意图（9）

10）放入支撑垫块，收起前轮。

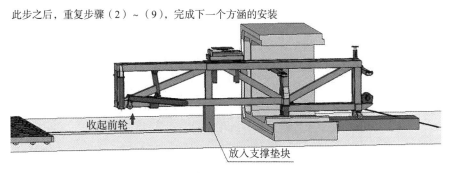

图 4.1-20　施工步骤示意图（10）

11）按照图 4.1-12～图 4.1-20 的步骤安装第二节管廊后，举升平台再次前行，并且反力千斤顶进入管廊。

第二节安装完毕后，反力油缸顶到第一节管廊，安装车可以正常工作了

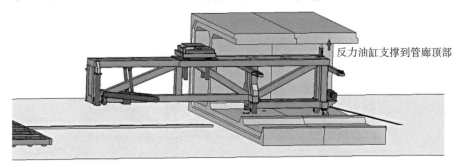

图 4.1-21　施工步骤示意图（11）

12）再把后续安装的管廊，运输到安装位置，升起升降平台千斤顶，托起管廊。

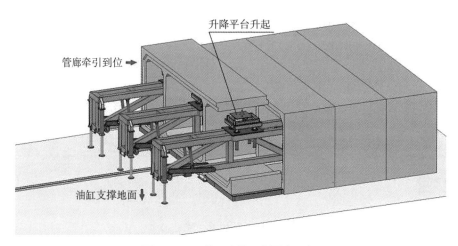

图 4.1-22　施工步骤示意图（12）

13）后退平板车。

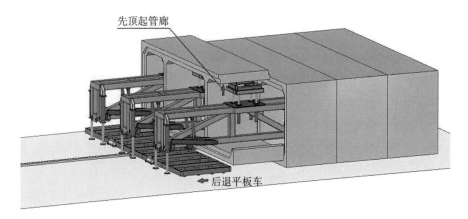

图 4.1-23　施工步骤示意图（13）

14）下降并调整举升平台，使管廊就位。

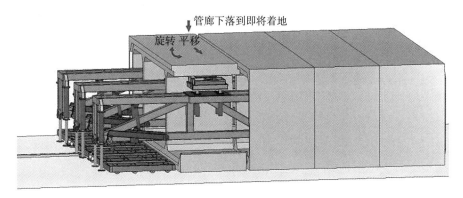

图 4.1-24　施工步骤示意图（14）

15）收起前轮，移出平板车。

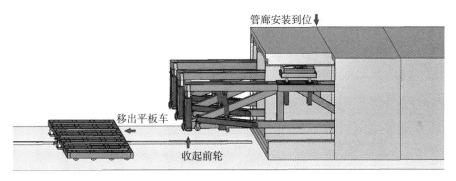

图 4.1-25　施工步骤示意图（15）

16）放下前轮，收起后支撑油缸和反力油缸。

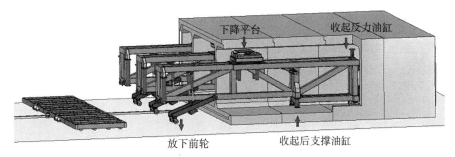

图 4.1-26　施工步骤示意图（16）

17）举升平台前行至下一安装工位，按照以上步骤进行下一节安装。

（8）安装方向

从基础垫层低侧向高侧铺设，管廊的承口侧在高处，插口侧在低处；安装时，管廊插口顺势插入承口，施工顺序如图4.1-27所示。

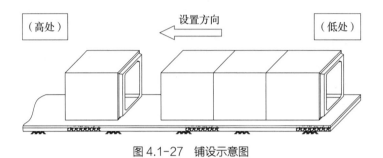

图4.1-27　铺设示意图

4.1.2　节段预制管廊连接

第一组管廊拼装完成运输到位后，再按同样步骤吊入第二组管廊拼装完成运输到位。纵向张拉前在起始固定端的第一组管廊上，吊放一节下部管廊，作为固定端（预应力张拉另行编制作业指导书），如图4.1-28～图4.1-31所示。

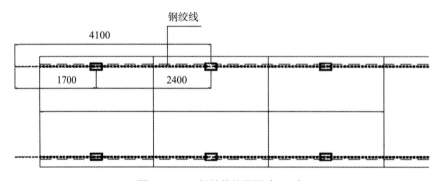

图4.1-28　钢绞线位置图（mm）

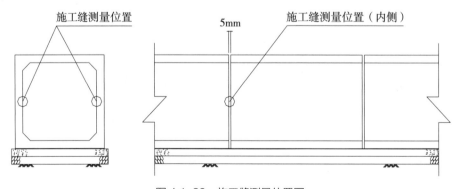

图4.1-29　施工缝测量位置图

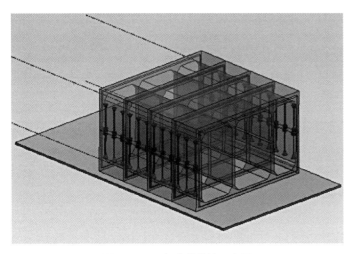

图 4.1-30　钢绞线连接示意图　　　　　　　　　图 4.1-31　钢绞线张拉

（1）两组管廊拼装完成后，在底板腋角预留孔处插入钢绞线。

（2）在管廊手孔内，连接线两端穿入垫板和锚具，并锁死固定侧锚具，注意垫板压实及注浆孔方向向外。

（3）钢绞线连接时，钢绞线从张拉侧预留 0.5m 长，作为千斤顶张拉用。

（4）在伸出钢绞线上套入垫板，再插入千斤顶。

（5）确认最大张拉力并启动张拉设备，当管廊间施工缝为 5mm 时，停止张拉，用样板来检测间隙距离，必须确认接口部插入情况及密封材料被充分压缩后，锁死移动侧锚具。

（6）千斤顶收力，取下千斤顶和垫板，用角磨机割断手孔内预留钢绞线。

（7）管廊张拉顺序：先底板两侧同时张拉，后顶板两侧同时张拉。为了转角也可调整两端缝隙大小来实现，可单侧上下同时张拉。

（8）连接完成后，在纵向钢绞线预留孔和横向钢棒注浆孔处注浆，从一端注入，另一端流出时为止。

（9）用膨胀混凝土填满管廊手孔及顶板钢棒预留槽并抹平，颜色和平整度与管廊相适应。

（10）管廊横纵向内外侧接缝处注入防水胶并刮平。

纵向钢绞线张拉顺序及张拉力范围：预制管廊纵向连接采用 PC 钢绞线直径为 φ15.2mm 张拉和单孔模具锚固，以三舱管廊整体构件重 90t 为例，管廊顶底板各预留 4 处钢绞线孔，分上、下两次张拉；先张拉下部 4 根钢绞线，当管廊移到间隙为 5mm 时，停止张拉；后再张拉上部 4 根钢绞线，张拉力表详见表 4.1-2。

		张拉力表	表 4.1-2
次数	设计力（t）	千斤顶顶力（t）	压强表读数（MPa）
第一次	13.5～19.5	13.5～19.5	27～39
第二次	13.5～19.5	13.5～19.5	27～39
1MPa 在千斤顶上产出 0.5t 拉力（以检验鉴定为准）			

4.1.3　节段预制管廊防水施工

综合管廊用防水材料采用水密性及耐久性好的材料，符合现行国家标准《城市综合管廊工程技术规范》GB 50838 的要求。

1．本体防水

综合管廊用混凝土是在预制场浇筑、振捣密实。因此管廊本体部分采用自防水和防水涂料的防水施工方法。

2．横向接缝处防水

（1）拼装好管廊断面胶条槽处设置了止水胶条，安装时被充分挤压，从而实现止水目的；管廊安装完成后，在管廊横纵接缝处内外侧胶条槽内注入高弹性密封胶，实现内外共同防水（图 4.1-32）。

（2）填缝材料采用进口高弹性密封胶。

（3）注浆材料及配合比按设计要求选用。

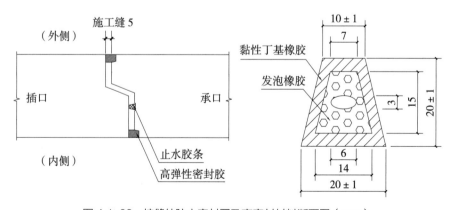

图 4.1-32　接缝处防水密封图及高密封材料断面图（mm）

止水胶条防水施工方法：

（1）上、下部管廊拼装前清理连接面。

（2）在断面胶条槽内均匀涂刷一层胶粘剂，把止水胶条粘结其内，胶条连接处45°斜角对接并用辅助胶片包裹，确保连接部的水密性。

（3）管廊张拉前确认连接部的密封材料的设置位置和完整性。

（4）张拉到管廊间施工缝为5mm为止，必须确认接口部插入情况及密封材料被充分压缩。

3．填缝材料防水施工

（1）管廊结合后，检查清理横纵接缝内外两侧连接处填料槽，可用抹布或风机把灰尘清除干净。

（2）用单面胶泡沫条填封处理，用泡沫条连续均匀压入连接缝内，单面胶与里面粘连。

（3）再在平行于缝隙两侧2cm处，粘贴上单面胶带。

（4）打胶时，密封胶粘结面应干燥、清洁，不得沾有油污、水分、沙粒、尘土等影响粘结的物质。

（5）双组分胶使用时，用搅拌器使A、B两组胶充分搅拌均匀。使两种化学物能充分反应，以达到最佳效果。

（6）当密封胶混合均匀后，将混合后的密封胶吸入专业胶枪内，然后用胶枪将密封胶挤入接缝处，挤压胶枪时应用力均匀，使密封胶能充分进入缝隙中，减少缝隙中的空气残留。

（7）密封胶在挤入缝隙中时要多出少许，以比管廊内壁高出3mm为止，缓慢匀速向前移动，打完一圈。在刮平时用专用胶铲用力按压在密封胶上，向一个方向用力，将密封胶与缝隙表面压实刮平。

（8）刮平后的表面不能出现凹凸面，密封胶内不能有空气残留。密封胶应与制品连接缝紧密结合，不能出现未粘合的情况。

（9）密封胶混合均匀后，应在60min内进行作业，预防时间过长的密封胶不能用，浪费密封胶材料。

（10）在密封胶的用量上，应根据缝隙的长短，取适量的密封胶，避免密封胶的大量浪费。

（11）打胶完成后，30min内清理干净胶枪及其他打胶工具。

（12）把连接缝两侧的单面胶带连续均匀揭掉，使密封胶两侧连续、整齐、美观。

（13）管廊底板预留胶槽，采用注胶施工方法，外侧一周完整密封。

4．注浆施工

根据设计要求对钢绞线和钢棒预留孔进行注浆处理，以防其氧化及防水密封。如使用防腐钢绞线，也可不需要注浆处理。

（1）根据设计要求配合比砂浆，充分搅拌均匀用 1mm×1mm 网筛过滤。

（2）用灌浆机把水泥砂浆快速注入钢绞线及钢棒的锚固钢板预留孔中。

（3）一处注浆段必须快速连续注浆完成，不能间断施工。

（4）直到连接孔另一侧有水泥砂浆流出为止，停止注浆。

（5）注浆过程中如果压力突然升高或注浆量过大仍未注满时，应停止注浆，检查原因。

（6）注浆完成后，用外加膨胀剂的灰浆把手孔及顶板钢棒槽填满并把表面处理光滑，颜色与管廊统一（图 4.1-33）。

图 4.1-33　接缝处防水密封施工完成图

4.1.4　节段预制管廊与现浇接合部的连接

一般情况下，曲线和节点部为现浇施工，其两端为管廊预制件，采用现浇与预制结合的施工方案。与现浇相连的预制管廊，在生产时预埋橡胶止水带，再与现浇部浇筑为一体，也可根据设计要求进行管廊植筋（图 4.1-34、图 4.1-35）。

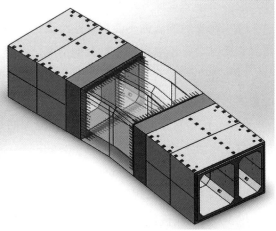

图 4.1-34　现浇与预制连接示意图

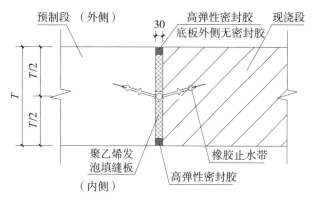

图 4.1-35　现浇与预制连接大样图（mm）

4.1.5　施工的重点、难点和关键技术

防水施工质量的好坏与结构质量和耐久性有着紧密关系，同时对综合管廊的正常运营有着重大的影响，确保综合管廊的防水质量，做到不渗不漏是工程的重点和难点。接口处的防水材料选用和安装工法等是本工程的关键技术。

1．主要技术措施

（1）基础垫层的平整度

基础垫层的平整度，直接影响到后期预制件的安装和连接处的防水处理。按照招标文件的规定，基础垫层的平整度应严格控制在 2cm 以内。

（2）找平处理

混凝土浇筑完后为使表面更加平整密实，用铁滚筒再进一步整平，效果更好，并能起到收水抹面的效果。混凝土振捣密实后，按照标高控制线检查平整度，用木刮杠刮平，表面用木抹子搓平，有坡度要求的，按设计要求的坡度找坡。

（3）预制件的张拉连接

预制件对接的精确度直接影响到接口中间止水胶条的挤压均匀度，接口对不齐中间的胶条会挤压变形不均匀，会造成漏水现象。

2．预制管廊内外侧防水施工

在预制管廊内侧接缝处采用 TB 工法专用胶粘剂进行施工，是确保预制管廊完全实现无渗漏的关键工法。施工不当会影响胶粘剂与混凝土之间的连接性。如连接处胶粘剂填充不够和有空气进入，会大大降低接口处的防水。为确保施工质量，严格按照施工步骤进行，密封填料填充前把接口清理干净，确保接口处无杂质。填充后用专用的工具把胶粘剂压平赶出空气。

3．通风口、吊装孔等特殊部件的施工

通风口、吊装孔等特殊部件由于不同于标准段采用拼装部位多，每个部件的尺寸精确度和安装时的准确度会影响特殊部件的使用性和防水性。

为确保尺寸的精确，所有模具采用专用高精度钢模进行制品的生产，安装时严格按计划好的安装顺序进行施工。内部的有接缝处全部使用密封填料进行接缝处理，实现不渗漏。

4.2 叠合预制管廊安装

4.2.1 叠合预制管廊构件安装

1．施工工艺流程

基坑支护—基坑开挖—垫层—防水施工—保护层—叠合底板吊装—底板面筋安装—预制夹心墙吊装—预制夹心墙竖向连接钢筋笼安装—浇筑底板叠合层混凝土—预制夹心墙牛腿安装—叠合顶板吊装—顶板面筋安装—浇筑夹心墙及顶板混凝土—墙体及顶板防水施工—回填土。

2．找平层施工

由于保护层混凝土无法保证完全平整，为确保预制构件底板安装基面绝对平整，特在保护层上部铺设一层 2cm 厚的中粗砂，用铝合金尺赶平。

3．叠合底板吊装（图4.2-1、图4.2-2）

（1）底板吊装前在保护层上放出每标准节底板控制线，两侧控制线超出构件边 50mm。预制叠合底板根据实际情况采用合适的汽车式起重机吊装。

（2）预制底板吊装务必确保构件就位准确，按照控制线检查，如需局部位置校正，可使用撬棍，撬棍与构件接触位置必须垫设柔性材料，避免构件破损。

（3）底板标准节之间须按要求留置 10 mm 拼缝，安装过程中可用标准塑料垫块隔垫，安装完成后拼缝填塞泡沫棒，然后填入高强度砂浆，以确保后浇筑混凝土不漏浆。

4．底板面筋施工

（1）由于底板两侧设计有反坎，侧墙钢筋吊装就位后将无法进行底板面筋的安装，

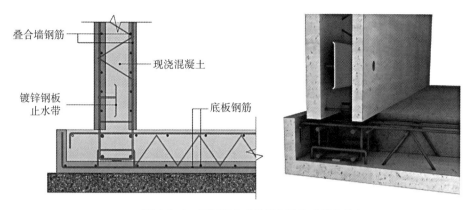

图 4.2-1　预制叠合（装配）整体式管廊节点

图 4.2-2　底板吊装

故在吊装前必须完成底板面筋安装。

（2）为避免侧墙的底部钢筋与底板面筋冲突，在底板面筋铺设前先根据侧墙伸出钢筋的位置进行合理避让，以防止侧墙钢筋与底板面筋冲突无法就位。

（3）底板标准节之间拼缝钢筋应按平行于接缝钢筋在下，垂直于接缝的钢筋在上的方式安装。

5．预制夹心墙吊装（图4.2-3）

（1）侧墙是采用平躺运输方式，现场必须采用汽车起重机，大小头水平起吊后在空中翻转成垂直状态，不得直接吊墙顶吊环翻转，容易造成墙底部钢筋弯曲及构件损坏。

（2）侧墙吊装前必须放出内侧侧墙控制线，确保侧墙安装位置准确，在墙板上弹出水平控制线。

（3）就位前提前测好标高，放置好垫片，如就位过程中发现垂直度不满足要求，可利用加设钢垫片进行调平，否则将出现接缝大小头现象，影响美观。

（4）标准节侧墙间拼缝间距为10mm，用10mm垫块隔垫，安装完成后塞入PE棒并用高强水泥砂浆塞缝。

（5）提前调好斜支撑长度，两端斜支撑可调节长度不得大于300mm，安装完斜支撑后锁紧两端调节螺栓，避免墙体移位。

图 4.2-3　管廊墙板连接、吊装

（6）夹心侧墙安装完成后将两标准节预埋的止水钢板进行焊接，焊接必须满焊。

6. 预制夹心墙竖向连接钢筋安装

（1）标准节间竖向连接钢筋主要起各标准节连接作用，将预制夹心墙板连接成一个整体，竖向钢筋采用后装的方式进行，但必须在底板叠合混凝土浇筑前完成安装。

（2）限于场地原因，钢筋笼可提前在钢筋加工场开料加工成整体钢筋笼后运至现场安装，减少现场工作量。

7. 浇筑底板叠合层混凝土

（1）预制侧墙标准节之间10mm缝隙在混凝土浇筑前用PE棒塞缝，压入20mm，外部用打胶，以防止叠合层混凝土浇筑时漏浆。

（2）浇筑前对底板两端侧模及侧墙底部预留缺口进行封模，采用木模也可定制铝模周转使用。

（3）底板叠合层混凝土由一端向另一端进行浇筑，先将叠合层混凝土浇筑完成后，待混凝土初凝后浇筑侧墙反上300mm的混凝土，浇筑至止水钢板中部即可。

8. 叠合顶板吊装

（1）顶板支撑牛腿：先在侧墙上预埋钢板（可与预埋接地钢板共用），侧墙安装完成后再安装牛腿，顶板支撑在牛腿上。

（2）底板叠合层混凝土浇筑完成后且混凝土强度达到一定强度后，即可进行夹心墙体牛腿安装工作，其作为叠合顶板的支撑体系。用高强螺栓将牛腿固定在夹心墙板上，牛腿上调平螺栓调平至安装高度。

（3）叠合顶板采用6点起吊，钢丝绳夹角控制在45°~60°之间，当叠合板起吊至距地500mm时，应观察各钢丝绳受力是否均匀，板件是否水平，确保安全后吊装就位。

（4）叠合顶板应与夹心墙板搭接 15mm 嵌入墙体内，墙板与顶板搭接位置用高强度水泥砂浆封堵，顶板间拼缝先用 PE 棒塞缝，后用高强度水泥浆填缝，确保叠合层混凝土浇筑不出现渗浆现象。

9．顶板面筋安装（图4.2-4）

（1）顶板面筋为双层双向钢筋，待标准段叠合顶板吊装完成后统一铺设，钢筋直接架设于叠合顶板桁架钢筋上部。

（2）顶板与夹心墙、顶板与顶板间拼缝等位置须按要求设置拼缝钢筋，拼缝底部钢筋应平行于接缝上部钢筋垂直于接缝。

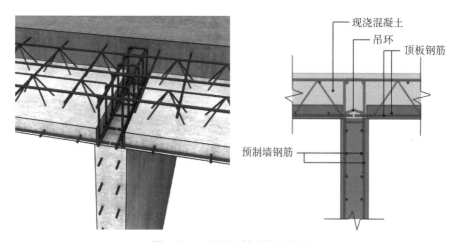

图 4.2-4　顶板面筋安装示意图

10．侧墙及顶板混凝土浇筑

（1）预制侧墙标准节之间 10mm 缝隙在混凝浇筑前用 PE 棒塞缝，压入 20mm，外部打胶，以防止叠合层混凝土浇筑时漏浆。

（2）底板两端侧模及侧墙底部预留缺口进行封模。

（3）底板叠合层混凝土由一端向另一端进行浇筑，侧墙分 3 次浇筑至顶板底，顶板一次性浇筑到位。注意侧墙混凝土振捣质量，尤其在侧墙拼缝处，侧墙现浇部分混凝土有防水功能。

4.2.2　叠合预制管廊防水施工

在防水施工过程中，务必做好对防水材料的保护，保证按设计图纸要求正确安装，避免偏位，尤其是橡胶止水条一定要固定牢靠，防止在浇筑混凝土过程中被挤偏，无法实现止水效果（图4.2-5）。

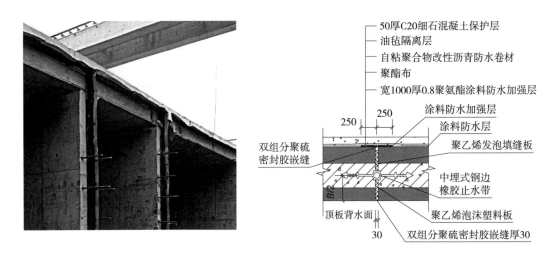

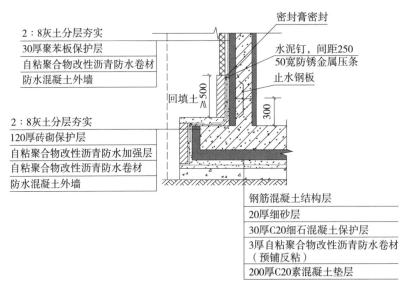

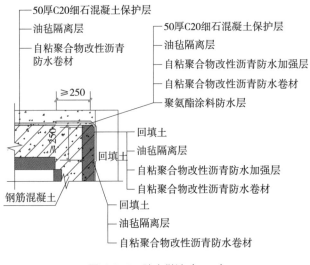

图 4.2-5　防水做法（mm）

4.2.3 施工质量要求

（1）预制构件安装精度必须满足设计要求，预制构件拼装不能出现错台现象。

（2）防水材料铺设需严格把关，这是保证管廊不漏水的关键，尤其是每个施工段分界处。

（3）混凝土浇筑必须振捣密实，特别是分层浇筑的位置，避免浇捣不密实形成渗水隐患。

（4）预制构件混凝浇筑前应确保预留孔洞预留钢筋及其他预埋件（如支架预埋、接地预埋、吊装孔预埋）数量齐全、位置准确。

（5）拼装工艺对预制管廊工程质量，特别是接缝密封防水效果有显著影响，在预制管廊拼装施工前宜选择有代表性的试验段，进行预制管廊试拼装，根据试验结果及时调整完善施工方案。

（6）管廊构件吊装允许偏差及检验方法见表 4.2-1。

管廊构件吊装允许偏差及检验方法 表 4.2-1

项目			允许偏差（mm）	检验方法
构件轴线位置	竖向构件（墙板）		8	经纬仪及尺量
	水平构件（楼板）		5	
标高	墙板、楼板底面或顶面		±5	水准仪或拉线、尺量
构件垂直度	墙板安装后的高度	≤6m	5	经纬仪或吊线、尺量
		>6m	10	
相邻构件平整度	楼板底面		3	2m 靠尺和塞尺量测
	墙板		5	
墙板接缝宽度			±5	尺量

4.3 分块预制管廊安装

4.3.1 分块预制管廊构件安装

1. 分块预制管廊施工流程（图4.3-1）

2. 预制构件的运输

（1）构件棱角采用塑料贴膜或其他措施进行防护，同时构件外观避免污染。

（2）运输车辆根据构件运输要求进行改装，装载管廊构件时，构件与车板之间必须

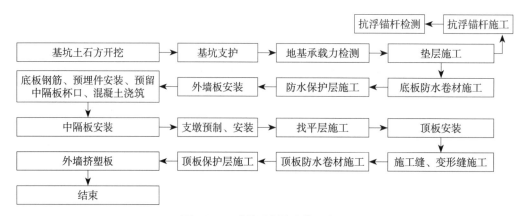

图 4.3-1　分块预制管廊施工流程

有防滑垫块或木方间隔，确保运输中产品安全。

（3）墙体及顶板运输采用构件平放式，预制内墙板、三舱顶板叠放层数不大于
5 层，四舱、五舱顶板运输层数不大于 2 层，叠放时用 10cm×10cm 的方木衬垫。

（4）构件运输时采用捯链、钢丝绳进行固定，并在运输车辆构件轮廓两侧及后侧悬
挂明显警示牌及警示带。

（5）运输过程中注意安全驾驶，避免超速或急刹车现象。

3．预制构件的临时存放（图4.3-2）

（1）现场路基开挖、填筑土石方压实度应满足设计及规范要求的 95%，不能满足要
求的地基采用换填分层碾压措施，堆放场地采用 15cm 连砂石填筑，要求平整、坚实。

（2）预制混凝土构件应按品种、规格、吊装顺序分别设置堆垛，存放堆垛设置在吊
装机械工作范围内。

（3）竖向墙体预制构件堆放时下部设置有下坠缓冲措施，采用木方或胶皮作为缓
冲，避免构件接触面损坏。

图 4.3-2　预制构件侧墙、内墙现场堆放图

（4）墙板卸车用专用吊具水平放置，采用 10cm×10cm 的方木衬垫，构件翻转时采用废旧小型汽车轮胎垫在墙板底部，构件翻转时保护板底部不受损坏。

（5）长期存放于现场的预制构件外露钢筋涂刷水泥浆，避免钢筋锈蚀。

（6）钢筋连接套筒、预埋孔洞应采用堵头进行堵塞，并采取临时封堵措施。

4．预制构件吊装前准备

（1）吊装前，应组织相关单位对基坑和吊装工况进行验收。

（2）正式吊装前，应检查起重机及吊具性能，起重机按照吊装区域顺序要求就位。

（3）吊点数量、位置应经计算确定，应保证吊具连接可靠，采取保证起重设备的主钩位置、吊具及构件重心在竖直方向上重合的措施。

（4）完成吊装前在检查后，可进行试吊。

（5）外墙吊装前，水准仪测量精确找平，将每块外墙底部统一至同一水平线，底部防水保护层上以细砂或 M15 水泥砂浆坐浆 20mm 进行外墙板安装找平，强度不够的或者高度偏差过大的用 300mm×300mm×5mm 的钢板垫平，测量放线必须为外墙弹出内线和外线以及每块外墙的边界线，且每块外墙内线与外线必须保持一致水平。

（6）内墙吊装前，须重点进行平整度控制，可利用底板预埋螺栓在吊装前将标高调整到设计标高；在预制底板上根据图纸及定位轴线放出预制内墙定位边线及 200mm 控制线，预制内墙板的埋件预埋允许误差为 ±5mm。

5．内、外墙板安装工艺

（1）工艺流程如图 4.3-3 所示。

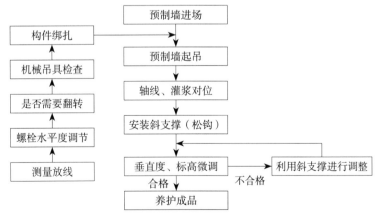

图 4.3-3　内、外墙板安装工艺流程图

（2）起吊构件时必须设置缆风绳，缆风绳绑扎在构件平面预留的吊装孔上，缆风绳采用编织麻绳，以便控制构件的转动和方向。

（3）起重指挥向驾驶员发出信号指挥吊车作业，吊装经过的区域设置安全警示区，施工人员应撤离，墙板在距离安装位置500mm高时停止起重机下降，检查墙板的正反面应该和图纸正反面一致，检查地上所标示的位置是否与实际相符。施工人员用手扶住预制外墙，辅助外墙定位至连接位置。吊装过程中注意避免外墙上的预留钢筋与相邻外墙钢筋碰撞，外墙停稳慢放，以免吊装放置时冲击力过大导致板面损坏。

（4）墙板就位后，采用移动式操作平台，取出顶部2个吊索，先安装外墙板2根支撑，支撑底端角板采用2个M16膨胀螺栓固定，2根支撑安装完毕后，进行墙板的垂直度校正，误差控制在1mm内，在调节斜撑杆时必须两侧工人同时同方向操作；无误后，指挥起重机械松钩，除去剩余2个吊索，安装剩余支撑（图4.3-4）。

（5）墙体吊装卸钩、安装顶板时，外墙板及中隔板上部坐浆采用移动式操作平台作业，平台制作采用门式脚手架进行制作，平台防护栏杆采用钢管进行焊接，高1.2m。

（6）内墙板垂直度调节采用可调节撑杆，每一块预制构件设置2道可调节拉杆，拉杆后端均牢靠固定在预制外墙上（图4.3-5）。拉杆顶部设有可调螺纹装置，通过旋转杆件，可以对预制构件顶部形成推拉作用，起到板块垂直度调节的作用。构件垂直度通过垂准仪来进行复核。每块板块吊装完成后须复核，每个标准节吊装完成后须统一再次进行复核。

图4.3-4　外墙板安装现场　　　　　　　　图4.3-5　内墙板安装现场

6. 顶板安装工艺

（1）工艺流程如图4.3-6所示。

（2）顶板吊装时先起吊至距地500mm，检查构件外观质量及吊环连接无误后方可继续起吊，起吊要求缓慢匀速，保证预制顶板边缘不被损坏。

（3）顶板吊装过程中，要求吊车缓慢起吊，在作业层上空500mm处略做停顿，施工人员用手扶住预制顶板，辅助底板定位至连接位置，根据预制顶板位置调整底板方向进行定位。吊装过程中注意避免顶板上的预留钢筋与相邻顶板钢筋碰撞，顶板停稳慢放，以免吊装放置时冲击力过大导致板面损坏。

（4）顶板安装前，安排施工员提前在板两侧安装位置用记号笔做出明显标记，安装时根据外墙板牛腿外侧面与顶板所做安装位置记号相对应，确保顶板安装对称。

（5）预制顶板定位的调节包括：

1）标高调节：构件标高通过预制外墙板预埋 8 个 M16 螺栓，安装顶板前测量人员利用水准仪复核螺栓顶标高，根据测量标高调节螺栓高度直至符合要求。每块顶板吊装完成后须复核，每个标准节吊装完成后再次统一复核。

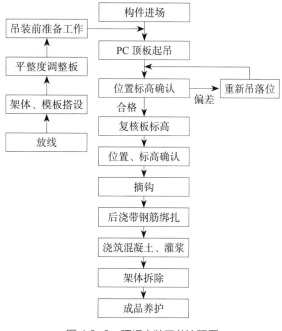

图 4.3-6　顶板安装工艺流程图

2）检查：顶板吊装完后全数检查板的定位是否符合所放测量线，以及检查板与板拼缝处的高差（此处高差应在 3mm 以内）。

3）取钩：检查板的拼缝板底拼缝高低差小于 3mm，确认后取钩。

4.3.2　分块预制管廊防水施工

1. 防水卷材施工工艺

（1）施工流程如下：

配制素水泥浆→细部节点加强处理→弹线、定位→试铺防水卷材→铺贴防水卷材→收口处理→质量检查、修补→验收→成品保护。

（2）施工要点包括：

1）配制素水泥浆：

选用强度等级不低于 42.5R 级普通硅酸盐水泥，在容器中按水灰比为 0.4 的重量比加入适量洁净清水，边搅拌边徐徐加入水泥，搅拌时间不得低于 5min。当搅拌至混合料充分均匀无团状颗粒呈胶状时，静置一段时间后使用。素水泥浆应在施工全程随配随用。

2）细部节点加强处理：

①细部节点应按要求设置防水加强层或进行相应处理。

②阴阳角附加层宽度为 300～500mm，沿阴角线或阳角线对称铺贴。

③附加层采用满粘法施工。

3）弹线、定位：

①根据基面形状确定卷材整体铺贴方向。

②距基面四周平立面交接处或转角一侧 300～600mm 开始，平行设置搭接控制线，以使搭接缝避开四周平立面交接处或转角。

③以搭接控制线为起始线，依次向外平行弹线。为保证卷材搭接宽度不小于 80mm，平行弹线间距不得大于 920mm。

4）铺贴防水卷材：

①平面防水层施工：基层表面均匀涂刷配制好的湿铺浆料厚度≥2mm，除去卷材湿铺面隔离膜并放置于已涂好胶浆基面的表面，拖抻对正卷材。控制卷材长、短边搭接宽度≥80mm。

②赶浆排气：用专用的长柄排浆工具进行排浆，排浆宽度为整幅卷材宽度；从搭接边一侧向外连续均匀排浆；浆料溢出量≥50mm 以上。

③ 刮涂水泥胶浆时，不得污染已铺设的加强层卷材，大面卷材应与加强卷材本体自粘。

④ 待本幅卷材整体铺贴完毕后，再进行搭接处理。

5）卷材搭接（图 4.3-7）：

①相邻卷材采用本体预留搭接边自粘搭接。

②将本幅卷材边膜与相邻卷材搭接预留隔离膜分别反折，向外拉扯去除隔离膜。

③操作人员手持小压辊，由内向外以垂直于卷材长边方向边压实边向前移动。

④如搭接面被污染失去黏性，应先擦拭干净，使用热风枪辅助加热至其恢复黏性后，再进行搭接。

图 4.3-7　防水卷材施工现场

⑤如现场环境温度过低（5℃以下），应使用热风枪对搭接边进行适当加热，提高搭接面黏性后，再进行搭接。

6）压实排气：对与基层初步粘贴的卷材应进行压实、排气，以保证卷材与基层的紧密粘贴，防止空鼓。

7）收口处理：大面卷材铺贴完毕后，应对卷材端头进行收口，收口处理应符合规范要求。

8）整体施工完毕后，应对防水整体表观质量、搭接质量、局部节点处理等项目进行检查，如发现有质量缺陷，应立即修补。

9）确认合格并通过验收后，及时隐蔽，做好成品保护。

2．橡胶止水带施工工艺

（1）施工工艺流程如图 4.3-8 所示。

（2）施工要点包括：

1）橡胶止水带固定上下采用 30mm×3mm 通风扁铁及 M10 螺栓 @500，止水带与结构钢筋用钢板焊接固定。

2）模板应严格按施工操作规程要求进行施工，安装在止水带的中间橡胶○形环上下两面间的平面上，模板要牢固，谨防混凝土浇灌振捣时模板移位。

3）安装好的橡胶止水带在施工时一定要保护和支撑好未浇捣混凝土部分的橡胶止水带，在浇捣止水带附近混凝土时要细微振捣，尤其在水平部分，止水带下缘的混凝土要更细微，使混凝土中的气泡从橡胶止水带翼下跑出来，当混凝土捣面超过止水带平面后，可以剪断钢丝，使止水带呈水平状态。

4）止水带在运输时要妥善保护好，贮藏时应通风，避免油污和阳光直射。

5）橡胶止水带采用专用熔接工具连接，中埋式橡胶止水带熔接前需准备好熔接接头、熔接模具、生胶片、橡胶与打磨工具、干净布等。

（3）可卸式止水带施工（图 4.3-9）：

为了便于安装可卸式止水带，需提前安装预埋螺栓，要将预埋螺栓固定在提前预埋好的钢板上，并浇筑预埋在混凝土内部，该部分混凝土要仔细振捣确保其密实度；预埋螺栓时为了防止其被腐蚀，应在螺栓上涂抹黄油或加 PVC 套管；止水带的固定应根据现场螺栓实际位置采用皮带冲打孔方法，在止水带安装过程中不能用力拉扯止水带，止水带与预埋钢板之间应填加聚乙烯薄膜（PE

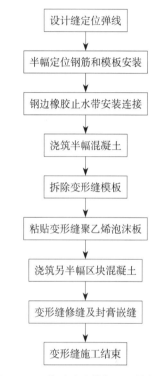

设计缝定位弹线

↓

半幅定位钢筋和模板安装

↓

钢边橡胶止水带安装连接

↓

浇筑半幅混凝土

↓

拆除变形缝模板

↓

粘贴变形缝聚乙烯泡沫板

↓

浇筑另半幅区块混凝土

↓

变形缝修缝及封膏嵌缝

↓

变形缝施工结束

图 4.3-8　橡胶止水带施工工艺流程图

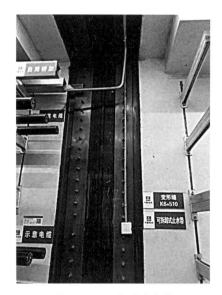

图 4.3-9　可卸式止水带

隔离层）衬垫以确保严密性，用紧固压板连接紧固件螺栓固定止水带。预埋钢板尺寸 350mm×100mm×10mm，紧固压板 180mm×10mm，φ14@100 紧固件螺栓，可卸式止水带 600mm×10mm。施工注意事项及质量要求：

1）在施工过程中，由于混凝土中有许多尖角的石子和锐利的钢筋，所以在浇捣和定位止水带时，应注意浇捣的冲击力，以免由于力量过大而刺破橡胶止水带。如果发现有破裂现象应及时修补，否则在接缝变形和有水压时橡胶止水带所能抵抗外力的能力就会大幅度降低。

2）固定止水带时，只能在止水带的允许部位上穿孔打洞，不得损坏止水带自身部分。

3）在定位橡胶止水带时，一定要使其在界面部位保持平展，更不能让止水带翻滚、扭结，如发现有扭结不平现象应及时进行调整。

4）在浇筑固定止水带时，应防止止水带偏移，以免止水带单侧缩短，影响止水效果。

5）在混凝土浇捣时还必须充分振荡，以免止水带和混凝土出现结合不良而影响止水效果。

6）止水带接头必须粘结良好，可采用专用熔接工具硫化连接的方法。

4.3.3　质量检验

预制构件吊装、就位和连接施工过程中须严格进行精度控制，将误差控制在允许范围内，偏差不宜过大，避免造成结构受力不均、构件连接缝渗漏等情况。其质量应满足表 4.3-1 的要求。

预制构件吊装、安装就位和连接施工中的误差控制表　　表 4.3-1

序号	检查项目	误差控制标准
1	垫层结构顶面标高	±2mm
2	结构顶面标高	±3mm
3	预制板中心线偏移	±2mm
4	预制墙板垂直度（2m 靠尺）	1/1500 且≤2mm
5	舱室相邻板、底板／墙板高差	±3mm
6	预制板水平／竖向缝宽度	±2mm
7	套筒连接的外露钢筋位置偏移	±2mm
8	全高垂直度	$H/2000$

第 5 章

工程验收

5.1 功能性试验

5.1.1 基本规定

（1）预制管廊安装完毕后，均应按照设计要求进行功能性试验（图5.1-1、图5.1-2）。

（2）功能性试验须满足国家现行标准《城市综合管廊工程技术规范》GB 50838的规定，同时还应符合下列条件：

1）管廊接口密封完整，接口内外壁的缺陷修补完毕。

2）设计预留孔洞、预埋管口及进出水口等已做临时封堵，且经验算能完全承受试验压力。

3）试验用充水、充气和排水系统已准备就绪，经检查充水、充气及排水闸门不得渗漏。

4）各项保证试验安全的措施已满足要求。

5）满足设计的其他特殊要求。

（3）功能性试验所需的各种仪器设备应为合格产品，并经具有合法资质的相关部门检验合格。

（4）注水试验必须填写本书附录B预制管廊接头防水试验记录表。

图5.1-1 节段防水质量检查

图5.1-2 内腔水压试验

5.1.2 接头防水试验

（1）接头防水试验前，施工单位应编制试验方案，其内容应包括：

1）试验孔堵孔的设计。

2）进水管路、排气孔及排水孔的设计。

3）加压设备、压力计的选择及安装的设计。

4）排水疏导措施。

5）升压分级的划分及观测制度的规定。

6）试验段接头的稳定措施和安全措施。

（2）接头防水试验（图 5.1-3）采用的设备、仪表规格及其安装应符合下列规定：

图 5.1-3　接头防水试验

1）采用弹簧压力计时，精度不低于 1.5 级，最大量程宜为试验压力的 1.3 ~ 1.5 倍，表壳的公称直径不宜小于 150mm，使用前经校正并具有符合规定的检定证书。

2）水泵、压力计应安装在预留孔的两端。

（3）接头防水试验应符合下列规定：

1）试验压力应大于或等于工作压力。

2）预试验阶段：将接头内水压缓缓地升至试验压力并稳压 2min，期间如有压力下降可注水补压，但不得高于试验压力；检查接口、检查孔等处有无漏水、损坏现象；有漏水、损坏现象时应及时停止试压，查明原因并采取相应措施后重新试压。

3）主试验阶段：停止注水补压，稳定 2min；当 2min 后压力下降不超过 0.03MPa 压力降数值时，将试验压力降至工作压力并保持恒压 5min，进行外观检查若无漏水现象，则水压试验合格。

4）管廊接头升压时，接头的气体应排除；升压过程中，发现弹簧压力计表针摆动、不稳，且升压较慢时，应重新排气后再升压。

5）应分级升压，每升一级应检查管廊身及接口，无异常现象时再继续升压。

6）试验过程中，管廊两端严禁站人。

7）试验时，严禁修补缺陷；遇有缺陷时，应做出标记，卸压后修补。

（4）接头防水试验合格的判定依据分为允许压力降值和允许渗水量值，按设计要求确定；设计无要求时，应根据工程实际情况，选用其中一项值或同时采用两项值作为试验合格的最终判定依据。可参考现行国家标准《给水排水管道工程施工及验收规范》GB 50268 的有关规定。

5.2　管廊的验收

5.2.1　验收组织

（1）预制管廊工程质量验收的程序和组织，应符合现行国家标准《建筑工程施工质量验收统一标准》GB 50300 的有关规定。

（2）施工前，施工单位应会同质监、建设和监理等参建单位确认构成建设项目的单位（子单位）工程、分部（子分部）工程、分项工程和检验批，作为施工质量检验、验收的基础。

（3）单位（子单位）工程、分部（子分部）工程、分项工程和检验批的划分可按本书附录 C 综合管廊分部、分项工程和检验批划分表执行。

（4）各种验收的组织及参加人员应符合下列规定：

1）检验批应由专业监理工程师组织施工单位项目专业质量检查员、专业工长等进行验收。

2）分项工程应由专业监理工程师组织施工单位项目技术负责人等进行验收。关键分项工程及重要部位应由建设单位项目负责人组织总监理工程师、施工单位项目负责人和技术负责人、设计单位项目设计人员等进行验收。

3）分部工程应由总监理工程师（未委托监理的项目为建设单位项目负责人，下同）组织施工单位项目负责人和项目技术、质量负责人等进行验收。设计单位项目负责人和施工单位技术、质量部门负责人应参加主体结构、节能分部工程的验收。

4）单位工程质量验收由建设单位项目负责人组织建设（含代建）单位有关人员、项目设计负责人、总监理工程师和专业监理工程师、施工单位项目负责人等进行验收，应通知设施运行管理单位派员参加验收。

5）工程竣工质量验收，应由建设单位组织验收组进行。验收组应由建设（含代建）、勘察、设计、施工、监理、设施管理（市或区）等单位的有关负责人组成，亦可邀请有关方面专家参加。验收组组长由建设单位担任。

5.2.2　验收程序

（1）工程完工后，施工单位向建设单位提交工程验收申请，总监理工程师应组织各专业监理工程师对工程质量进行竣工预验收。存在施工质量问题时，应由施工单位整改。整改完毕后，由施工单位向建设单位提交工程竣工报告，申请工程竣工验收。

（2）工程有分包单位施工时，分包单位对所承包工程应按相关专业验收标准规定进行验收，验收时总承包单位应派人参加；分包工程完成后，应及时地将有关资料移交总承包单位。

（3）工程施工质量验收应在施工单位自检基础上，按验收批、分项工程、分部（子分部）工程、单位（子单位）工程的顺序分别填写附录 D 记录表，并应符合下列规定：

1）工程施工质量应符合相关专业验收标准的规定。

2）工程施工质量应满足工程勘察、设计文件的要求。

3）参加工程施工质量验收的各方人员应具备相应的资格。

4）工程施工质量的验收应在施工单位自行检查、评定合格的基础上进行。

5）隐蔽工程在隐蔽前应由施工单位通知监理等单位进行验收，并形成验收文件。

6）涉及结构安全和使用功能的试块、试件和现场检测项目，应按规定进行平行检测或见证取样检测。

7）验收批的质量应按主控项目和一般项目进行验收；每个检查项目的检查数量，除相关专业验收标准的有关条款有明确规定外，应全数检查。

8）对涉及结构安全和使用功能的分部工程应进行试验或检测。

9）承担检测的单位应具有相应资质。

10）外观质量应由质量验收人员通过现场检查共同确认。

（4）验收批质量验收合格应符合下列规定：

1）主控项目的质量经抽样应全部检验合格。

2）一般项目中的实测（允许偏差）项目抽样检验的合格率应达到 80%，且偏差点的最大偏差值应在允许偏差值的 1.5 倍范围内。

3）主要工程材料的进场验收和复验合格，试块、试件检验合格。

4）主要工程材料的质量保证资料以及相关试验检测资料齐全、正确；具有完整的施工操作依据和质量检查记录。

（5）分项工程质量验收合格应符合下列规定：

1）分项工程所含的验收批质量验收应全部合格。

2）分项工程所含的验收批的质量验收记录应完整、正确；有关质量保证资料和试验检测资料应齐全、正确。

（6）分部（子分部）工程质量验收合格应符合下列规定：

1）分部（子分部）工程所含分项工程的质量验收全部合格。

2）质量控制资料应完整。

3）分部（子分部）工程中，有关安全、节能、环境保护和主要使用功能的检验和抽样检测结果应符合相关专业验收标准的规定。

4）外观质量验收应满足要求。

（7）单位（子单位）工程质量验收合格应符合下列规定：

1）单位（子单位）工程所含分部（子分部）工程的质量验收全部合格。

2）质量控制资料应完整。

3）单位（子单位）工程所含分部（子分部）工程有关安全及主要使用功能的检测资料应完整。

4）涉及主要使用功能试验应符合相关规定。

5）外观质量验收应符合要求。

（8）工程质量验收不合格时，应按下列规定处理：

1）经返工重做的验收批，应重新进行验收。

2）经有相应资质的检测单位检测鉴定能够达到设计要求的验收批，应予以验收。

3）经有相应资质的检测单位检测鉴定达不到设计要求，但经原设计单位验算认可，能够满足结构安全和使用功能要求的验收批，可予以验收。

4）经返修或加固处理的分项工程、分部（子分部）工程，改变外形尺寸但仍能满足结构安全和使用功能要求，可按技术处理方案文件和协商文件进行验收。

（9）单位工程质量验收合格后，建设单位应按规定将竣工验收报告和有关文件，报工程所在地建设行政主管部门备案。

（10）工程竣工验收后，建设单位应将有关文件和技术资料归档。

（11）工程应经过竣工验收合格后，方可投入使用。

5.2.3　技术性标准

（1）预制管廊为钢筋混凝土的结构实体，结构实体的混凝土强度、钢筋间距、钢筋保护层厚度、位置和尺寸等验收须满足现行国家标准《混凝土结构工程施工质量验收规范》GB 50204 的有关规定进行结构性能检验。

（2）对预应力工程中的张拉、放张、张拉后锚固、孔道灌浆等情况进行检验，并应按设计要求及现行国家标准《城市综合管廊工程技术规范》GB 50838 的有关规定执行。

（3）预制管廊质量检验：

主控项目

1）当管廊节段分上、下两部分进行预制时，上、下预制构件竖向连接的预应力筋规格、数量、接缝宽度及张拉应力应符合设计规定。接缝宽度允许偏差 ±1mm，锚固时张拉应力允许偏差值 ±5%。

检查方法：观察用钢尺检查；检查施工记录。

2）管廊节段采用柔性承插口纵向连接时，橡胶圈的规格、接缝宽度应符合设计规定。接缝宽度允许偏差 ±1mm。橡胶圈的产品质量应符合相关规范的规定，外观应光滑平整，不得有裂缝、破损、气孔、重皮等缺陷。

　　检查方法：检查产品质量保证资料；检查成品进场验收记录；检查施工记录。

　　3）管廊接口的橡胶圈安装位置正确，无扭曲、外露现象；承口、插口无破损、开裂，双道橡胶圈的接头防水试验合格。

　　检查方法：观察，用探尺检查；检查功能性试验记录。

一般项目

　　4）管廊接口的填缝应符合设计要求，密实、光洁、平整。

　　检查方法：观察，检查填缝材料质量保证资料、配合比记录。

　　5）柔性承插口连接的橡胶圈位置准确，未出现裂缝、破损。

　　检查方法：逐个检查，用钢尺量测；检查施工记录。

第 **6** 章

工程案例

6.1　节段预制管廊案例（全断面预制）

本节以沈阳中德园宝马新工厂区域综合管廊工程作为节段预制管廊的案例，主要论述了节段预制管廊构件设计、预留预埋设计、连接设计以及施工工艺，并进行了技术经济及效益分析。

6.1.1　工程概况

根据沈阳中德园宝马新工厂的配套建设要求，辽宁省沈阳市决定在该工厂的计划工期内完成周边市政配套建设，2条全长约2.2km的综合管廊工程是其中的重要建设内容。该综合管廊工程容纳的管线有：6回66kV电缆、20回10kV电缆、40孔通信光缆、2×DN800热力管道、1×DN400给水管道。经过比选与优化，本工程综合管廊标准断面为三舱断面，如图6.1-1所示，自左向右分别为管道舱、综合舱和高压舱，断面内净尺寸为10.1m×3.0m，顶部覆土厚度为3.0m。

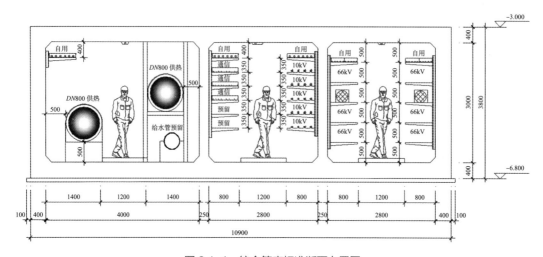

图6.1-1　综合管廊标准断面布置图

本工程地处东北，有较长的施工冬歇期。根据统筹安排，本工程的现场施工土建工期只有约2个月时间，采用传统的现浇施工不能满足工期要求。经研究论证，本工程决定采用节段预制拼装综合管廊技术。

一般来说，由于综合管廊自身功能需求、入廊管线功能需求、外部制约条件等多因素影响的原因，"线性"布置的综合管廊工程中，每隔一定距离就设有通风口、设备间、逃生口、吊装口、管线分支口等功能节点，这些功能节点多为异型或多层结构，其结构不符合预制构件工业化生产的标准化要求。因而，节段预制拼装的范围主要指除功能节点之外的标准段。

6.1.2　节段预制构件设计

节段预制构件的模板图如图 6.1-2 所示。节段预制构件的立面即综合管廊标准断面全断面，截面尺寸为 10.9m×3.8m，外壁板厚 400mm，中隔墙厚 250mm，纵向长度取 1.5m，单节重约 47t。

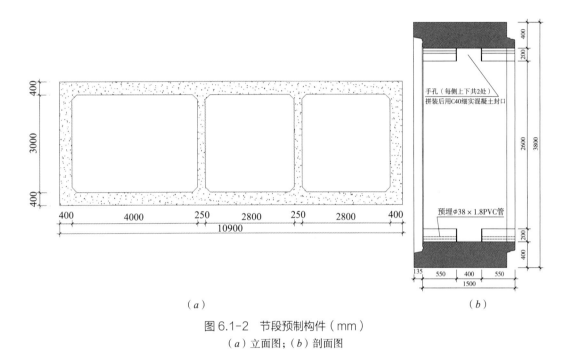

图 6.1-2　节段预制构件（mm）
（a）立面图；（b）剖面图

节段预制构件的混凝土强度等级为 C50，抗渗等级为 P6，钢筋采用 HRB400 和 HPB300 级钢筋。结构计算与钢筋配置按承载能力极限状态及正常使用极限状态进行双控设计，计算裂缝宽度不大于 0.2mm。

6.1.3　预留预埋设计

为避免结构混凝土的二次破坏，充分发挥预制构件工厂化生产能保证混凝土质量的特点，除预制拼装所必需的手孔、张拉孔外，本工程还将强弱电支架 U 形槽立柱、管道支架预埋件、辅助吊钩、接地预埋钢板等预留预埋，随预制节段的制作同步预埋并制作完成，预制节段的预留预埋设计如图 6.1-3 所示。

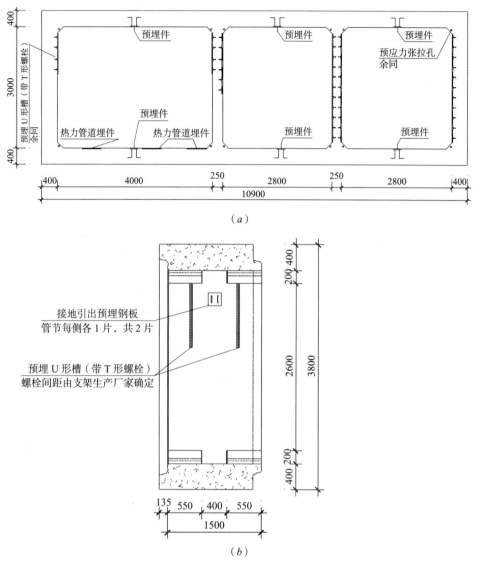

图 6.1-3　节段预制构件的预留预埋设计（mm）
（a）立面图；（b）剖面图

6.1.4　连接设计

本工程接缝采用承插式连接、双胶圈密封的接头形式，预制节段之间采用预应力筋张拉锁紧，在节段中部设置张拉手孔，通过舱室四角的腋角处的预留张拉孔，张拉预应力筋并锁紧，如图 6.1-4 所示。预应力筋采用高强度低松弛钢绞线，公称直径 15.2mm，强度标准值 f_{pk} 为 1860MPa，控制应力 $75\%f_{pk}$，弹性模量 E_p=1.95 × 105MPa，延伸率不小于 3.5%，采用单根夹片锚具进行锚固。

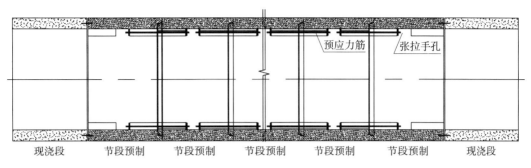

图 6.1-4　节段预制构件连接示意图

接缝采用承口内侧遇水膨胀胶圈、插口斜面外侧楔形弹性橡胶圈的双胶圈密封模式，内表面采用双组分聚硫密封胶嵌缝，承插口详图如图 6.1-5 所示。

在预制段与综合管廊功能节点的现浇段相连处，需要在预制段端口处预留止水带，待预制段安装就位后，进行相连现浇段的施工，其接缝构造与传统现浇的变形缝构造相同，如图 6.1-6 所示。

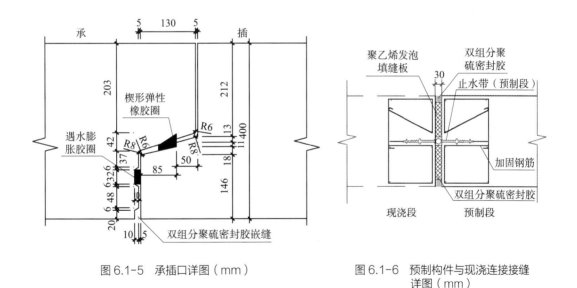

图 6.1-5　承插口详图（mm）　　　　图 6.1-6　预制构件与现浇连接接缝
　　　　　　　　　　　　　　　　　　　　　　　　　详图（mm）

6.1.5　主要施工工艺

1．节段预制构件的生产与运输

本工程节段预制构件在工厂内采用卧式模具浇筑成型，蒸汽养护，待达到设计强度，起吊脱模、翻转后平吊运输上车。节段的运输采用 50t 平板拖车，每次运输一节段，从构件厂至施工场地提前规划路线，避开限高等特殊路段（图 6.1-7）。

图 6.1-7　节段预制构件运输

2. 节段预制构件的吊装

节段预制构件运输到现场指定位置后，由吊装工人换上专用吊具，用 100t 履带起重机车将节段平稳吊至基坑内暂存，沿节段安装方向布置（图 6.1-8）。节段在基坑内排放的方向与安装方向一致。为保证预制构件安装平稳，严格控制垫层水平度，必要时在垫层上铺设 5~10mm 厚的中粗砂。

图 6.1-8　节段预制构件吊装

本工程在节段预制构件的顶板上设置4个吊点。为避免应力集中对混凝土构件的损坏，起吊垂线应与构件重心重合，吊点在重心周边以正方形对称布置，起吊过程中应维持构件顶板和底板的水平。

3．拼装与张拉

节段拼装的过程中采用100t履带吊车起吊，另一台25t履带起重机车辅助就位，插口与承口结合后张拉。张拉施工采用27t液压千斤顶在管廊四角及中部进行张拉，施工控制采用三重控制：理论应力、理论伸长、接缝宽度。张拉结束进行注水试验，按照"0.1MPa、稳压时间不小于10min"控制。水压试验合格后方可进行下一节段的施工。

6.1.6 技术经济及效益分析

相比现浇施工，本工程预制段的直接费仅增加约5%。分析认为，本工程预制拼装造价不高的主要原因有：1）单个预制构件的重量控制在50t以内，常规的运输及起吊设备可满足施工要求；2）预制构件采用高强混凝土，减少了钢筋用量，降低了结构壁厚和混凝土用量；3）区域地质条件好，地下水位低，无额外的基坑加固费用；4）项目所在地周边有大型预制构件生产厂家，预制场地、机械设备等摊销费用低。

本工程中，一个班组每天能完成15~20节的节段预制拼装任务。施工现场同时有2个班组分别在不同的道路上进行预制拼装施工。在现场预制拼装的同时，施工方也同步进行综合管廊功能节点的现浇施工。2条全长约2.2km的综合管廊工程，现场土建施工工期仅50余天。

总的来说，本工程中，由于合理采用了优化的节段预制拼装技术，以较低的短期经济代价，有效地缩短了现场工期，完成了工程计划，取得了较大的社会效益。

6.2 节段预制管廊案例（横断面分上、下两节段构件组合）

天河智慧城地下综合管廊工程由北京市市政工程设计研究总院有限公司进行设计，由广州市市政集团有限公司施工实施，在此作为本书的工程案例，主要介绍横断面分上、下两节段构件组合的管廊设计、生产、安装和验收等环节的工程应用，供同行参考。

6.2.1 工程概况

2016 年 4 月 21 日，广州市成功申报中央财政支持地下综合管廊试点城市、试点项目，包括轨道交通十一号线地下综合管廊（48km）、天河智慧城地下综合管廊（19.1km）、广花一级公路地下综合管廊（15.5km）三个子项目，管廊总长度为 82.6km，总投资约 113 亿元。其中，天河智慧城地下综合管廊项目（图 6.2-1），总投资约 31 亿元，位于广州市天河区、黄埔区，主要沿现状科翔路—华观路、科韵路、柯木塱南路—高唐路、软件西路、横三路、横五路、拟建高塘路（华观路以南）、云溪路、沐陂西路、凌岑路、规划横七路布置，总长约 19.3km。除华观路、科韵路（长 8.6km）采用 6m 直径盾构工法外，其余 10.7km 管廊均采用明挖矩形断面工法进行施工。

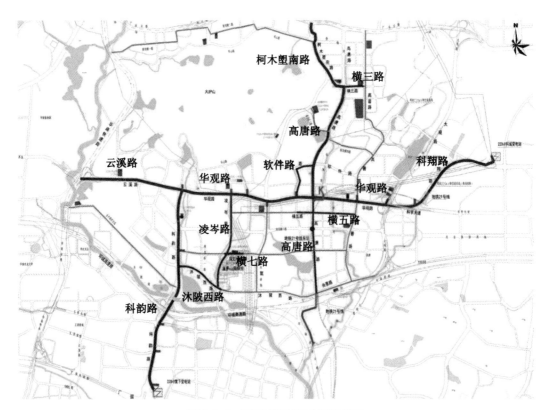

图 6.2-1　天河智慧城综合管廊总图

本工程明挖矩形管廊标准段采用预制拼装管廊，预制总长度为 4013m，预制率达 37.5%，各路段的功能分舱和基本尺寸见表 6.2-1。

天河智慧城预制拼装综合管廊基本情况　　　　　表 6.2-1

	（舱室）长度（m）	外尺寸（长×高）（m×m）	舱室名称及净宽（m）	舱室净高（m）	顶板厚度（mm）	侧壁厚度（mm）
云溪路	（三）467.6	10.6×4.7	电力舱+综合舱+天然气舱（2.6+4.9+1.8）	3.7	500	400
柯木塱南路	（三）1330.0	10.0×4.4	电力舱+综合舱+天然气舱（2.6+4.4+1.8）	3.6	400	350
横五路	（二）334.0	5.95×4.0	综合舱+天然气舱（3.2+1.8）	3.3	350	350
高唐路	（三）86.4	10.3×4.3	电力舱+综合舱+天然气舱（2.6+4.6+1.8）	3.3	500	400
	（三）+（一）295.6+422.94	（10.3×4.3）+（4.8×4.3）	电力舱+综合舱+天然气舱+雨水舱	3.3	500	400
	（二+二）349.2	（6.1×2.7）+（5.75×2.7）	电力舱1+电力舱2+综合舱+天然气舱（2.6+2.6+3.0+1.8）	2.0	350	350
凌岑路（北段）	（三）528	12.9×4.2	电力舱+综合舱+天然气舱（5.2+4.6+1.8）	3.2	500	400
横七路	（三）56	9.1×4.0	电力舱+综合舱+天然气舱（2.6+3.5+1.8）	3.3	400	350
横三路	（三）144	9.6×4.0	电力舱+综合舱+天然气舱（2.6+4.0+1.8）	3.2	400	350

6.2.2　预制管廊分隔

多舱大断面综合管廊体积较大，而城市运输的限高一般在 5m 范围内，因此将综合管廊设计为上下分体式结构（图 6.2-2），可有效减少运输高度和运输重量，同时可提高厂内预制生产效率。

管廊的节段长度将影响管廊预制生产的工艺、设备以及运输、安装过程的难度及安

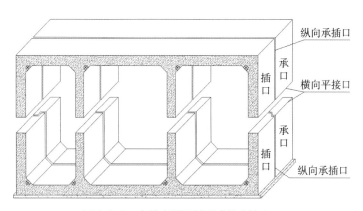

图 6.2-2　多舱大断面装配式综合管廊

全性。过长会增加预制生产的难度，增加运输和安装的难度及风险性；过短则会增加接缝的数量，增加防水的难度，同时提升造价。因此，综合考虑将从以下三个方面确定管廊节段长度：

（1）常规运输车长度及宽度：大断面管廊一般横向宽度在 10m 以上，而运输车辆平板长度可达 10m 以上，但一般运输宽度不宜超过 3m（图 6.2-3）。

图 6.2-3　管廊运输示意图

（2）根据管廊预埋件的预埋尺寸确定：经研究发现，预埋滑槽对管廊尺寸的影响因素最大，滑槽的间距为 80cm，所以节段长度应为 80cm 的倍数。

（3）根据管廊分体构件的重量确定：预制构件的重量对施工难度及造价影响较大，市政工程预制构件重量控制在 30～50t 范围内。

对预制管廊进行横向和纵向分隔的主要目标是把单个预制构件的尺寸控制在合适的范围内，使其在一定装备能力下满足工程质量的要求，并适应生产、运输、吊装、安装、内部支墩支架间距等需要。天河智慧城预制拼装管廊项目，主要考虑把单节管廊构件的最大重量控制在 55t 内，构件最大尺寸控制在 14m×5m（长×高）以内，同时管廊纵向分隔尺寸需考虑内部支墩支架的间距而采用 80cm 的模数，本工程预制管廊纵向分隔长度均为 2.4m。

节段预制管廊的节段分隔包括两种情况，第一种是管廊节段全断面预制（即横截面不分割），每一节管廊就是一个预制构件；第二种是管廊节段在横断面分上、下两部分进行预制，每部分为一个节段构件，这样每节段管廊由两个节段构件组合而成。对于分上、下两部分进行预制的节段管廊，在预制厂内，先制作节段构件，节段构件为预制管廊的基本制作单元；上节段构件和下节段构件在现场组合成一个完整的节段后，即可与已完成安装的管廊进行纵向装配，节段为节段预制管廊的基本装配单元。横向接头的设置部位，一般位于管廊高度的中部。

最终确定的管廊分隔有几种形式：单舱全断面、双舱上下分节、三舱上下分节，如图 6.2-4～图 6.2-6 所示。

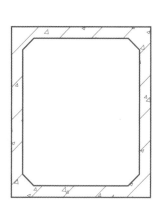

图 6.2-4　单舱整体管廊，纵向分割长度 2.4m

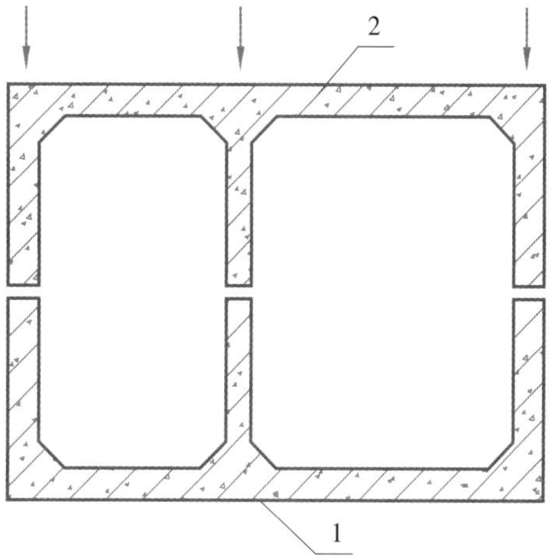

图 6.2-5　双舱管廊上下分隔，纵向分割长度 2.4m
1—上节段；2—下节段

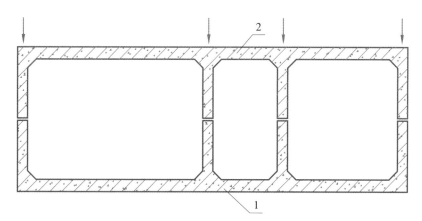

图 6.2-6　三舱管廊上下分隔，纵向分割长度 2.4m
1—上节段；2—下节段

6.2.3　纵向接头构造设计

接头设计一般先从防水构造和受力构造两方面考虑，确定接头基本构造后再进行接头的受力分析和变形分析（仿真模拟阶段），最后再进行接头实验室模型或现场试验验证（实物模拟阶段）。

纵向接头因场地发生不均匀沉降易造成接头防水破坏且对于垫层找平质量控制精度要求高，同时考虑接头构造简单、方便生产及安装止水带等特点，本工程纵向接头采用了企口的形式。如图 6.2-7 所示，在接头承口处迎水面与背水面均设置凹槽，以便填入高弹性密封胶，作为第一、三道止水措施。在承口内侧，距离高弹性密封胶约50mm处设置一道止水胶条（竖向止水胶条），作为第二道止水措施。止水胶条是由弹性橡胶与遇水膨胀橡胶制成的复合密封垫，弹性橡胶采用三元乙丙橡胶。该止水胶条通过纵向预应力钢绞线的张拉，使其得到充分压缩，使得止水胶条的界面应力能够抵抗足够的水压作用。同时，在插口处设置上下两道检查孔，作为在构件安装完成后检测接头的防水密闭性之用，若接头出现渗漏尚可注入密封胶，作为接头防水的附加措施，起到补漏作用。

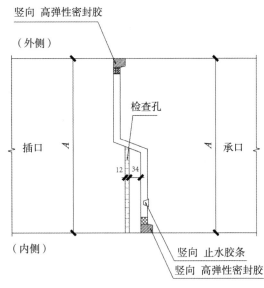

图 6.2-7　纵向接头企口构造（mm）

高弹性密封胶的强度等性能指标详见表 6.2-2，根据相关检测试验报告，在 20℃时其预估寿命约为 97 年，该密封胶与混凝土结合后其抗拉强度≥0.4MPa，是一般聚氨酯密封胶拉伸粘结强度 2 倍以上，与结构本体结合性较好，能达到设计要求的密水性等要求。

高弹性密封胶性能指标　　　　　　　表 6.2-2

项目	性能指标
硬化物密度（g/cm^3）	1.2 ± 0.1
可使用温度（℃）	$-20 \sim 40$
水密性（MPa）	≥0.2
抗拉强度（与混凝土粘结后）（MPa）	≥0.4
伸缩率（%）	≥200
拉伸剪切强度（MPa）	≥0.4

6.2.4　横向接头构造设计

横向接头是压弯构件，因预应力导入后构件受压荷载较大，考虑控制竖向预应力筋的安装精度，减少预应力损失、减小偏心弯矩，横向接头采用平口接头的形式。预应力筋的选择上，横向接头作为确保管廊断面整体性的重要部位，要求接头刚度较大，为此采用轴向刚度和剪切刚度均较大的 PC 钢棒作为横向接头预应力筋。

防水构造上，如图 6.2-8 所示，上下管节接头处迎水面与背水面均设置凹槽，以便填入高弹性密封胶（材料与纵向企口接头一致），作为第一、三道止水措施。在下管节

内侧，距离高弹性密封胶约 50mm 处设置一道止水胶条（纵向止水胶条）。该止水胶条
在竖向 PC 钢棒的张拉预应力下得到充分压缩，其界面应力能够抵抗外水压作用。

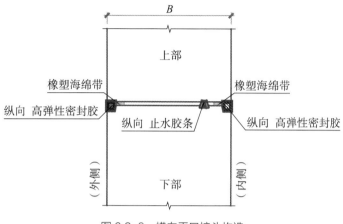

图 6.2-8　横向平口接头构造

　　横断面分上、下节段构件组合的管廊，接头最薄弱位置为横向接头与纵向接头在十
字交叉处的止水胶条与高弹性密封胶相互关系的处理。该处纵向和横向迎水面与背水面
的凹槽尺寸均为一致，该凹槽处理比较简单、质量容易保证；但较容易出现设计盲点的
是中间处纵向与竖向止水胶条，该处纵向止水胶条需预留出空间，与竖向止水胶条位置
重合、发生搭接关系，此节点是该类预制管廊设计的关键点之一。因此，在设计时考虑
横向接头的纵向止水胶条须预留出 5~10cm，以便与纵向接头的竖向橡胶止水带搭接，
其剖面如图 6.2-9 所示。同时，在该节点承口和插口处均设置横向止水胶条，使得该节

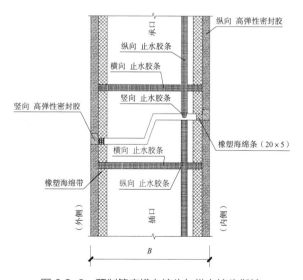

图 6.2-9　预制管廊横向接头与纵向接头衔接

点成为闭合的空间，以便做闭水试验，有利于解决日后可能会出现的节点渗漏问题。对于横断面分上、下节段构件组合的管廊，将存在三处完全闭合的止水措施，适用于地下水丰沛且水位较高的地区。

6.2.5　横向接头受力分析

从结构概念设计的角度出发，带横向接头综合管廊的横向整体刚度应接近不带横向接头综合管廊闭合框架整体刚度的要求。而纵向接头因其刚度对横向闭合框架结构的整体刚度影响较少，在满足接头止水要求的情况下，认为可适当地降低纵向拼缝接头的刚度，以使管廊更好地适应地基不均匀沉降及地震位移作用，减小不均匀沉降及地震位移对管廊的有害影响。为此，现行地方标准广东省《城市综合管廊工程技术规程》DBJ/T 15—188 将横向接头的最大张开量控制在 2mm 范围内，而放松了纵向接头最大张开量的要求，认为纵向接头最大张开量限值宜根据拼缝构造、接头止水密封橡胶的允许变形量、管廊内管道允许变形量等综合确定，但规范也未给出具有实操性的设计方法。

预制拼装综合管廊结构计算模型为封闭框架。对于横向接头，由于横向接头刚度的影响，其计算模型应考虑横向接头的实际刚度，以反映预制拼装结构的实际内力。关于横向接头的转动刚度，受接头构造、拼装方式、拼装预应力大小、接缝张开量限值要求、止水橡胶变形性能等多方面因素影响，无论是现行国家标准《城市综合管廊工程技术规范》GB 50838，还是现行地方标准广东省《城市综合管廊工程技术规程》DBJ/T 15—188，均认为需要通过试验确定，而未明确具体的设计方法。但在实际工程设计中，因管廊截面尺寸、覆土条件、接头构造、预应力大小等均不同，导致其接头刚度也在变化，每种接头都进行模型试验或原位试验后再进行设计又存在现实条件限制的问题。为此，在设计阶段需要一种实用的设计方法，解决上述问题。

经研究发现，根据现行国家标准《城市综合管廊工程技术规范》GB 50838 公式 8.5.5 计算接头的受弯承载力所得结果满足不了横向接头变形控制条件，即满足受弯承载力极限状态下的接头设计，其外缘张开量是不满足现行国家标准《城市综合管廊工程技术规范》GB 50838—2015 中第 8.5.6 节对接头张开量的限值要求的［式（6.2-1）~式（6.2-3）］。

$$M \leqslant f_{\mathrm{py}} A_{\mathrm{p}} \left(\frac{h}{2} - \frac{x}{2} \right) \tag{6.2-1}$$

$$x = \frac{f_{\mathrm{py}} A_{\mathrm{p}}}{\alpha_1 f_{\mathrm{c}} b} \tag{6.2-2}$$

$$\Delta = \frac{M_{jk}}{K_{\mathrm{R}}} h \leqslant \Delta_{\max} \tag{6.2-3}$$

解决上述问题，采用既满足接头混凝土应力应变条件，同时又满足接头受力平衡条件的力学分析方法，可满足工程设计阶段的要求。

本实用方法的假定条件：

（1）接头混凝土在受力过程中满足平截面假定。

（2）构造上须保证接头处两构件混凝土闭合。这需要防水构造设计上选用合适的止水橡胶条，并通过止水橡胶条沟槽合理深度的设计，确保在有效预应力作用下接头处于全闭合状态，使得接头混凝土处于全截面受压状态，同时也减小了止水橡胶条的界面应力，避免止水橡胶条处于高应力工作状态，增加其使用寿命。

（3）接头转动点位置位于接头混凝土受压区和零应力区（因接头混凝土脱开不能受拉）的交界点处。

计算方法如下：

（1）初选管廊截面尺寸，按不带横向接头综合管廊闭合框架进行内力分析，得到横向接头部位管廊的初始弯矩标准值 M_{k0} 和轴力标准值 N_{k0}。

（2）初选预应力筋用量 A_p，使得接头在有效预应力 σ_{pe}、N_{k0} 和 M_{k0} 的作用下处于全截面受压临界状态（也可理解为刚刚出现零应力的临界状态，此时接头张开量为 0，若继续出现增量，荷载接头则开始张开），以此预应力筋用量 A_p 作为初始值，此时受压区混凝土最大压应力为 $2\sigma_{ce}$，最小压应力为 0（图 6.2-10）。

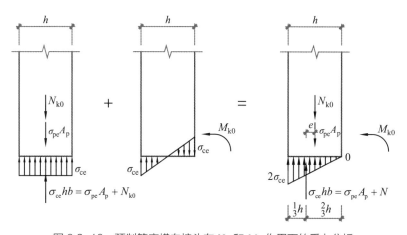

图 6.2-10 预制管廊横向接头在 N_{k0} 和 M_{k0} 作用下的受力分析

（3）继续加大荷载至 $M_{k0}+\Delta M$，接头出现零应力区，接头产生张开量 Δ_x。设零应力区长度为 x，x 从 $0\sim0.5h$ 的过程是弯矩 M_k 持续增长过程。此时受压区端部混凝土压应力由 $2\sigma_{ce}$ 增加至 σ_c。在此过程中假定 $\sigma_c\leqslant f_c$，且预应力钢筋应力未因混凝土变形而改变，接头混凝土受力处于弹性状态，如图 6.2-11 所示。

（4）将 x 从 $0\sim0.5h$ 的过程进行划分，计算每一步的 M_k、σ_c、Δ_x、θ_x、K_{mx}，即可得

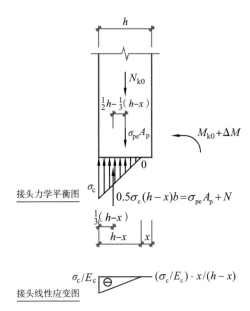

图 6.2-11　预制管廊横向接头在 N_{k0} 和 $M_{k0}+\Delta M$ 作用下的受力分析

求得 M_k—Δ_x、M_k—θ_x、K_{mx}—Δ_x、K_{mx}—θ_x 关系图。

（5）根据上述关系图，选取合适的接头张开量及其对应的转动刚度，将接头转动刚度输入至带横向接头的综合管廊闭合框架模型，重新计算管廊断面闭合框架各位置的内力值，根据实际的内力值重复步骤（2）~（4），得到最终的 M_k—Δ_x、M_k—θ_x、K_{mx}—Δ_x、K_{mx}—θ_x 曲线，并与计算模型得到的内力结果相符，此过程主要目的是根据接头允许张开量得到合理的预应力筋面积。

以天河智慧城预制管廊一个横向接头为例进行计算，其截面设计图如图 6.2-12 所示，一个构件 2.4m 长，初选 4 根 $\phi29$PC 钢棒作为横向接头预应力筋，单根张拉力为 580kN。

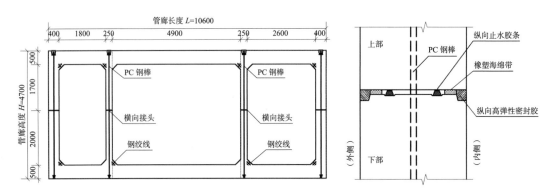

图 6.2-12　天河智慧城项目云溪路管廊断面图（mm）

管廊的设计荷载情况，顶板土压力为 90kN/m，底板水浮力为 85kN/m，侧墙土压力为 60～120kN/m，按梯形分布。图 6.2-13 为按纵向单位长度 1m 计算不带横向接头的弯矩图，可得到 2.4m 长横向接头弯矩标准值。

$$M_{k0} = 2.4 \times 84 \text{kN} \cdot \text{m} = 201.6 \text{kN} \cdot \text{m}$$

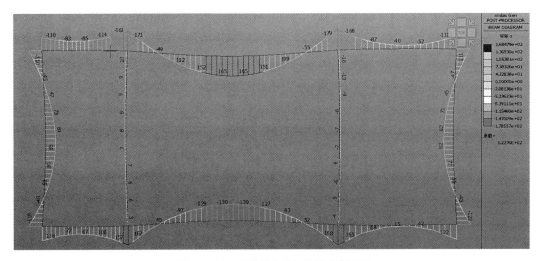

图 6.2-13　不带横向接头的管廊弯矩图

实用计算方法计算结果如图 6.2-14～图 6.2-19 所示。

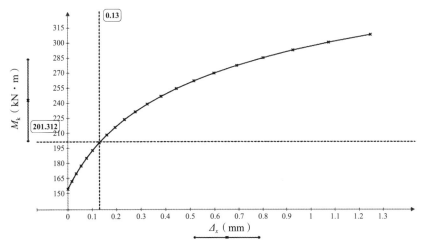

图 6.2-14　横向接头 M_k—Δ_x 图

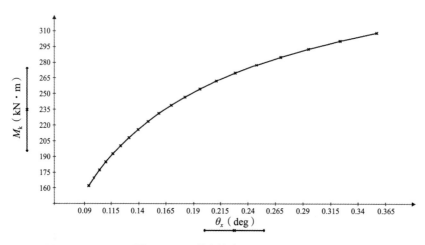

图 6.2-15 横向接头 M_k—θ_x 图

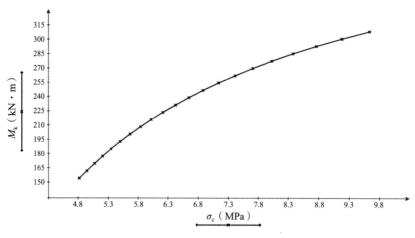

图 6.2-16 横向接头 M_k—σ_c 图

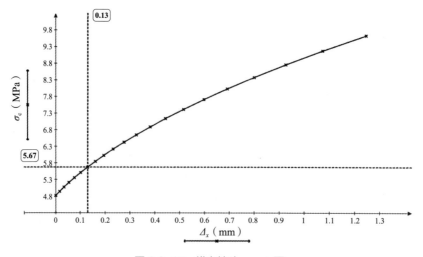

图 6.2-17 横向接头 σ_c—Δ_x 图

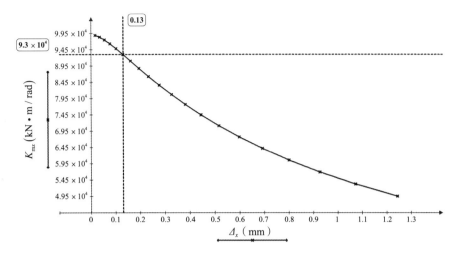

图 6.2-18　横向接头 K_{mx}—$\varDelta_x$ 图

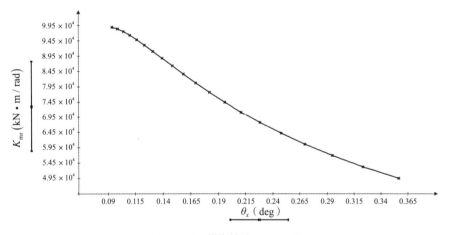

图 6.2-19　横向接头 K_{mx}—θ_x 图

从图中可见，x 从 $0 \sim 0.5h$，受压区混凝土压应力最大值为 9.635MPa，小于 $f_c=23.1$MPa，符合混凝土在线弹性范围的假定。当弯矩标准值 $M_{k0}=201.312$kN·m 时，对应的接头张开量为 $\varDelta_x=0.13$mm≤2mm，对应受压区混凝土边缘压应力为 $\sigma_c=5.67$MPa，旋转刚度 $K_{\mathrm{mx}}=93000$kN·m/rad，再将 K_{mx} 输入至考虑横向接头旋转刚度的计算模型中，重新计算弯矩标准值 M_{k0}，同时调整预应力筋的数量，计算接头张开量和抵抗弯矩的能力，至此不再详述。图 6.2-20 为考虑接头旋转刚度后的管廊弯矩图。

小结：

（1）实用计算方法简便，力学概念清晰，反映了横向接头能承受的弯矩随着张开角的增大而逐渐增大、旋转刚度随张开角的增大而降低的力学规律，求得预应力配筋面积、接头承载能力、接头张开量、旋转刚度等一一对应的关系，解决了在设计阶段接头

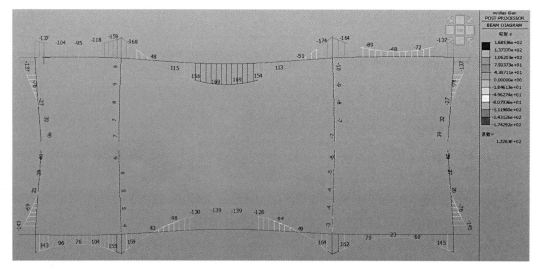

图 6.2-20　考虑接头旋转刚度后的管廊弯矩图

旋转刚度难以确定，导致管廊整体内力计算结果出现偏差以及预应力配筋量如何确定等问题，解决了现行国家标准《城市综合管廊工程技术规范》GB 50838 中关于旋转刚度确定和张开量的计算问题，结果符合设计阶段工程精度要求。

（2）在预制管廊施工阶段，有条件可进行模型试验和现场试验等手段对接头设计做进一步验证和调整。

6.2.6　纵向接头受力和整体纵向沉降分析

纵向接头受力计算可以借助横向接头受力分析的思路，经研究，相对于管廊截面刚度而言即使纵向接头采用预应力钢绞线进行连接后，其接头纵向刚度也是偏小、偏柔的，柔性接头却利于管廊在纵向更能适应地基沉降和地震产生的水平位移，前提是纵向接头止水也必须满足相应的位移张开量的要求，确保止水功能正常有效。

为此，纵向接头设计的重点是要分析纵向接头最大允许张开量，以及张开量与管廊纵向沉降量之间的关系。因为沉降是由于地基变形产生的，该地基变形相当于"荷载作用"，所以对纵向接头而言一般不需要研究其所承受弯矩值与张开量的关系，这与横向接头的研究侧重点有所不同。

纵向接头的张开量与拼缝构造、纵向预应力筋的数量、接头止水密封橡胶的允许变形量等相关，管廊纵向沉降量又与纵向接头的张开量相关，而目前管廊规范没有相关的计算方法和其他解决途径，设计阶段也难以通过现场试验进行确定。在实际工程中仍希望通过实用方法进行计算确定，在施工阶段有条件可以做进一步验证。

以下为纵向接头实用分析方法的计算流程：

（1）初步选定纵向预应力的数量和张拉控制应力，计算纵向接头混凝土在预应力作用下建立的有效预应力值 σ_{ce}。

（2）验算接头边缘混凝土压应力为零时所承担的弯矩值，如图 6.2-21 所示，假定两节构件通过纵向预应力连接后，自重弯矩作用下底部混凝土仍处于受压状态，以此确定纵向接头的最小预应力配置量，同时验算接头在有效预应力作用下产生的摩阻力能否抵抗单构件自重作用产生的剪力。

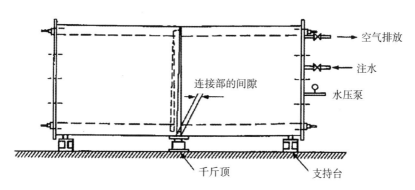

图 6.2-21　纵向接头对水密性影响的试验方法

（3）计算底部预应力筋位置处预应力筋的理论最大伸长量 ΔL_{pmax}，以此推算底部止水橡胶位置处的理论最大张开量 Δ_{jmax}，验算是否满足接头止水构造要求。

（4）计算不均匀沉降区间内预制管廊的允许最大沉降量（图 6.2-22）。

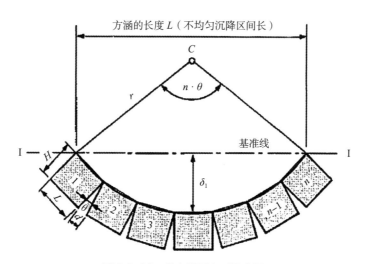

图 6.2-22　纵向凹形变形沉降图

$$\delta_1 = \frac{H \cdot L}{\Delta_{j\max}}(1 - \cos\frac{n \cdot \Delta_{j\max}}{2H}) \qquad (6.2\text{-}4)$$

式中 δ_1——不均匀沉降区段内按凹形沉降假定的极限沉降量（mm）；

H——预制构件顶板外面开始到防水材料的距离（mm）；

L——预制构件的长度（mm）；

n——预制构件的数量（个）。

仍以上述天河智慧城综合管廊进行分析，一个构件 2.4m 长，初选管廊截面上下各 4 根 $\phi 15.2$ 钢绞线作为纵向接头预应力筋，单根张拉力为 154kN，建立混凝土有效压应力为 $\sigma_{ce} = 0.075\text{MPa}$。

$$M_{k0} = \frac{\sigma_{ce} \cdot I_c}{y_b} = \frac{0.075 \times 52.454}{2.35} = 1674\text{kN} \cdot \text{m}$$

纵向钢筋的数量满足构造要求。

$$\Delta L_{p\max} = \frac{f_{ptk} - \sigma_{pe}}{E_p} \cdot N \cdot L_1 = \frac{1720 - 1028}{195000} \times 1.0 \times 2400 = 8.517\text{mm}$$

$$\Delta_{j\max} = \frac{y_j}{y_p} \cdot \Delta L_{p\max} = \frac{2.29}{1.85} \times 8.521 = 10.543\text{mm}$$

按 13 个构件约 $13 \times 2.4\text{m} = 31.2\text{m}$ 长为一个沉降区段，计算该区段允许最大沉降量作为管廊地基处理的设计依据。

小结：

（1）现行国家标准《城市综合管廊工程技术规范》GB 50838 对预制管廊横向、纵向接头均要求最大张开量限值控制在 2mm 范围内的规定值得商榷，该限值对横向接头合适，对纵向接头不合适。如果纵向接头张开量控制过严，则在一个沉降区段内的允许最大沉降量越小，地基处理费用越高，且造成管廊不能更好地适应地基不均匀沉降及地震位移作用的影响，适得其反。通过上述分析，只要能满足接头止水胶条发挥止水功能，纵向接头张开量就可以适当放松。

（2）本工程纵向接头止水胶条位置的理论最大张开量约 10mm，可作为接头构造设计的依据，确保止水胶条（止水措施）在该张开量下仍能保持良好的工作性能。

（3）根据上述沉降区段的沉降量计算，预制管廊纵向接头对一个约 30m 的区段，约 110mm 的允许沉降量是合适的，可作为管廊地基处理设计的依据，避免过度地基处理造成的投资浪费。

6.2.7　预制构件生产

预制管廊因构件尺寸大，需要的预制厂房的占地面积较大，厂房布置（图 6.2-23）主要有生产作业区域、钢筋加工车间、产品存放区、机械设备停放场、钢筋楼布置场、厂区道路、电工机修、仓库、试验室、混凝土搅拌站、配电室、办公区等。相关的配套设备详见表 6.2-3。

对厂址选择原则，尽可能临近现场安装区域以减小运输费用，本工程的预制厂临时设在工程项目所在地——天河智慧城凌岑北路，到各安装地点均较近。

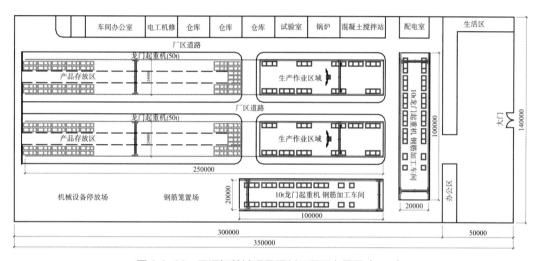

图 6.2-23　天河智慧城项目预制厂平面布置图（mm）

天河智慧城项目预制厂配套设备表　　表 6.2-3

序号	设备名称	型号规格	数量（个）	额定功率（kW）	用于施工部位
1	发电机	150kW	1	—	预制厂停电备用
2	发电机	150kW	1	—	办公生活区停电备用
3	汽车起重机	300t	1	—	预制管廊安装
4	龙门起重机	50t A6 级	5	130	制作生产区、存放区、安装区
5	龙门起重机	16t	2	50	预制厂钢筋加工区
6	龙门起重机	10t	2	35	预制厂钢筋加工区
7	锅炉	LHS0.7–Y/Q2	4	20	预制厂混凝土蒸汽养护
8	叉车	5t	4	—	预制管廊运输
9	钢筋切断机	GQ40	4	4	预制厂钢筋加工
10	直流弧焊机	BX1–400A	40	18.8	预制厂钢筋焊接
11	铜筋成型机	GW40–1	8	3	预制厂钢筋加工

续表

序号	设备名称	型号规格	数量（个）	额定功率（kW）	用于施工部位
12	铜筋调直切断机	GT4-14	4	7.5	预制厂钢筋加工
13	电机调频器	H460NT（J）	4	—	预制管廊生产
14	高频振动器	HKM750	80	0.75	管廊预制
15	插入式振动棒	φ50 型	40	0.3	管廊预制
16	柴油发电机	50kW	1	—	管廊安装
17	柴油发电机	10kW	3	—	管廊安装
18	张拉机	ATM-370	4	3	预制管廊安装
19	灌浆泵	ZGP70-80	3	5.5	预制管廊安装
20	翻转车	—	2	22	预制管廊安装
21	安装车	—	1	37	预制管廊安装
22	平板运输车	—	4	—	预制管廊安装
23	承载试验设备	—	1	2	预制管廊安装
24	闭水试验设备	—	1	2	预制管廊安装
25	吊链	10t	6	—	钢筋笼吊装
26	吊链	50t	8	—	产品吊装
27	吊具	15t	30	—	产品吊装

6.2.8   现场安装

天河智慧城综合管廊项目，考虑到明挖管廊基坑设置内支撑的情况，管廊现场安装第一步需将构件吊运至基坑内部指定点，再通过基坑内部的安装车进行二次运输并安装（图 6.2-24）。对横断面分上、下两节段构件组合的管廊，上、下节段构件横向安装完毕后再进行纵向拼接连接。

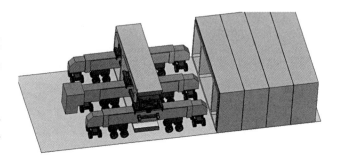

图 6.2-24   专用安装车运输安装

6.2.9   预制管廊验收

依托本项目，由广州市市政集团有限公司等主编的广东省标准《装配式综合管廊施工及验收标准》DBJ/T 15-254—2023 已于 2024 年 2 月 1 日起实施，相关验收内容详见标准要求，此处不再详述。

6.3　叠合预制管廊案例

本节以吴中太湖新城综合管廊二期工程作为叠合预制管廊的案例，主要从叠合预制管廊构件拆分、连接设计以及节点止水等方面进行了介绍，供同行参考。

6.3.1　工程概况

"吴中太湖新城综合管廊二期（一标段、二标段）工程设计二标段"位于江苏省苏州市吴中区，本工程综合管廊总长约 9651m，包含 6 条线路，主要涉及竹山路（苏旺路）、旺山路、东太湖路、景周街、龙翔路、友翔路、箭浮山路 7 条道路。龙翔路段综合管廊位于天鹅荡路北 ~ 引黛街北，桩号 K1+655 ~ K3+725，长度约 2070m，管廊位于道路西侧绿化带下，标准段基础埋深约 7.5m。

为了推广新技术新工艺的应用，综合对比了现浇式及全预制式管廊的优劣后，苏州吴中区太湖新城管委会决定将天鹅荡路以北部分（详见图 6.3-1 中圈出示意），采用叠合装配式施工方式建造。该段预制装配式管廊起止桩号为 K1+655 ~ K1+891.57，全长 237m，标准段约长 108.7m。管廊标准段尺寸宽 14m，高 4.8m；管廊标准段覆土 2.5m。地下水位取地面以下 0.5m，混凝土强度等级为 C35，钢筋强度等级为 HRB400，其他尺寸如图 6.3-2 所示。

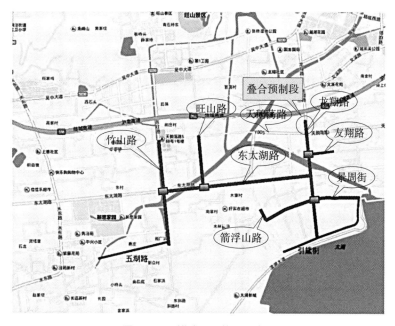

图 6.3-1　拟建工程位置示意图

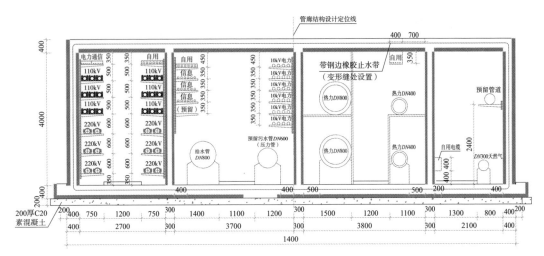

图 6.3-2 管廊标准段横断面示意图（mm）

6.3.2 构件拆分

根据现行行业标准《装配式混凝土结构技术规程》JGJ 1 第 6.3.1 条，在各种设计状况下，装配整体式结构可采用与现浇结构相同的方法进行结构分析。当同一层内既有预制构件又有现浇抗侧力构件时，地震设计状况下宜对现浇抗侧力构件在地震作用下的弯矩和剪力进行适当放大。在预制构件拆分阶段，应结合制造、运输、安装的条件，尽量增大预制构件尺寸，以减少连接的节点数，有利于提高结构的整体性。构件拆分阶段遵循的主要原则如下：1）构件拆分后不改变原结构受力模式；2）预制构件截面、配筋、材料强度等均不低于原设计。

1. 墙板拆分

侧墙板拆分成每块长度 3m。其中，外墙板外侧、内侧厚度分别为 120mm 和 100mm，中间空腔为 180mm；内墙板两侧厚度均为 80mm，中间空腔为 140mm。墙板两侧预制部分通过桁架钢筋相连（图 6.3-3）。

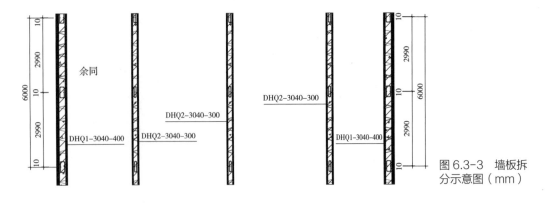

图 6.3-3 墙板拆分示意图（mm）

2．底板拆分

底板拆分成每块长度为 3m，其中底部预制板厚度为 100mm，上部现浇层厚度为 300mm（图 6.3-4）。

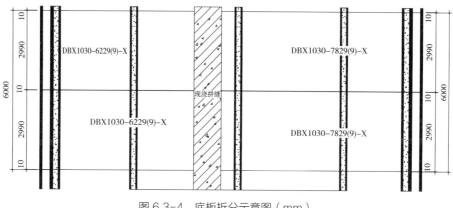

图 6.3-4　底板拆分示意图（mm）

3．顶板拆分

顶板拆分成 3m 一块，其中预制板厚度为 120mm，现浇层厚度为 280mm（图 6.3-5）。

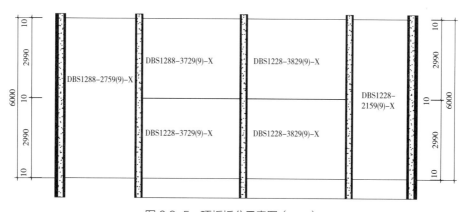

图 6.3-5　顶板拆分示意图（mm）

6.3.3　连接节点

采用装配式结构时，应加强接缝的连接措施，以增强其整体性和连续性，主要连接节点的做法如下：

1．顶板、底板相互连接节点

在预制顶板、底板纵向连接的拼缝处，设置拼缝钢筋，加上预制板表面280～300mm的现浇叠合层，使得节点具有足够的强度和刚度，防止拉断和剪坏，以保证轴力及剪力的传递，如图6.3-6所示。

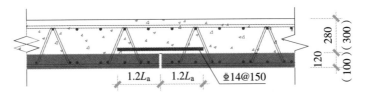

图6.3-6　叠合顶板及底板相互连接节点（括号内表示底板）（mm）

在预制底板或顶板与现浇管廊的连接处，叠合板纵向钢筋需伸入现浇管廊并满足抗震锚固长度，如图6.3-7所示。

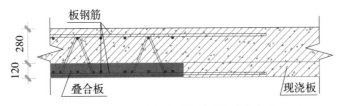

图6.3-7　叠合板与现浇管廊连接节点（mm）

在预制底板的横向连接处，设置现浇节点，以保证底板抗震及防水性能，如图6.3-8所示。

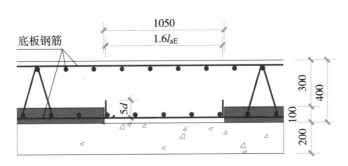

图6.3-8　叠合底板横向连接节点（mm）

2．叠合墙体相互连接节点

在预制墙体的拼缝连接处，设置暗柱，提高了结构的整体性，如图6.3-9～图6.3-11所示。

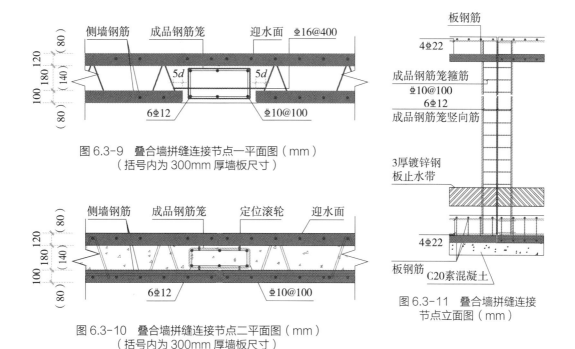

图 6.3-9 叠合墙拼缝连接节点一平面图（mm）
（括号内为 300mm 厚墙板尺寸）

图 6.3-10 叠合墙拼缝连接节点二平面图（mm）
（括号内为 300mm 厚墙板尺寸）

图 6.3-11 叠合墙拼缝连接
节点立面图（mm）

3．叠合墙体与底板连接节点

在侧墙（中隔墙）与底板连接处，设置马凳筋，增强侧墙钢筋与底板的锚固；预制构件叠合面按照规范设置粗糙面，叠合墙板预制层与现浇层设置桁架钢筋，增加构件的抗剪能力。侧墙底板因止水钢板无法设置桁架钢筋时，设置拉结钢筋，如图 6.3-12 及图 6.3-13 所示。

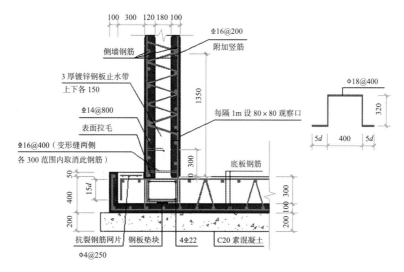

图 6.3-12 外墙与底板拼缝连接节点（mm）

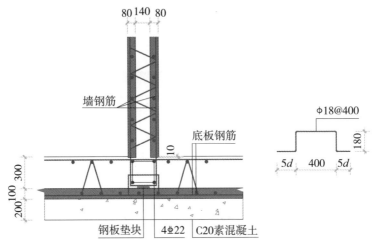

图 6.3-13　内墙与底板拼缝连接节点（mm）

4．叠合墙体与顶板连接节点

　　侧墙（中隔墙）与顶板连接部位，设置暗梁；叠合板面筋锚入至侧墙 1/3 高度处，使之形成固定连接；同时在侧墙（中隔墙）与顶板连接部位设置加腋构造钢筋，增强该部位的抗裂性能，如图 6.3-14 与图 6.3-15 所示。

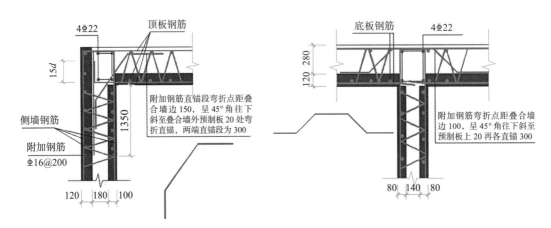

图 6.3-14　外墙与底板拼缝连接节点（mm）　　　　图 6.3-15　内墙与底板拼缝连接节点（mm）

6.3.4　节点止水

　　在变形缝处，顶板、底板及墙板的端部设置构造连接钢筋，且墙体另设置传力杆（图 6.3-16 ~ 图 6.3-20）。

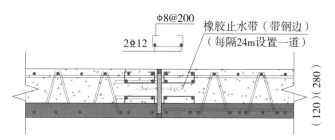

图 6.3-16 顶板与底板变形缝做法（mm）

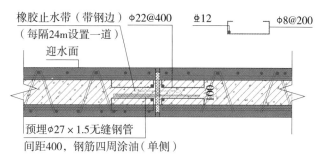

图 6.3-17 外壁板变形缝做法一（mm）

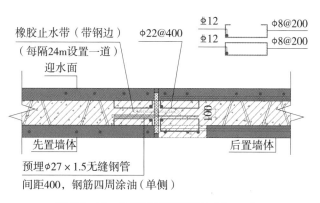

图 6.3-18 外壁板变形缝做法二（mm）

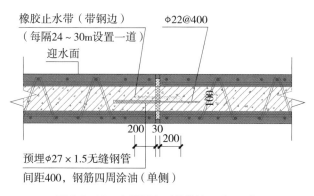

图 6.3-19 内壁板变形缝做法一（mm）

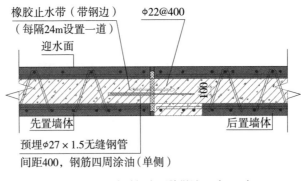

图 6.3-20 内壁板变形缝做法二（mm）

6.4 分块预制管廊案例

本节以绵阳科技城集中发展区核心区综合管廊及市政道路建设工程作为分块预制管廊的案例，主要从预制构件的设计、制作、运输、拼装、防水等方面进行详细介绍，供同行参考。

6.4.1 工程概况

绵阳科技城集中发展区核心区综合管廊及市政道路建设工程位于四川省绵阳市的绵阳市科技城集中发展区核心区、跨涪城区、安州区、高新区及科创园区，工程内容包括4条地下综合管廊、4条城市主干道和1座综合管廊监控中心。项目采用政府与社会资本合作模式（PPP），采用DBFOT（设计、投资、融资、建设、运营维护一体化）的运作方式。该项目是当时全国最大的装配式综合管廊工程，也是我国首个分块装配式综合管廊工程。龙界路和绵安第二快速通道以及其下方地下综合管廊、创业大道西延线桥梁段及下穿管廊于2017年10月开工建设，由中建二局施工；其中地下综合管廊包括两舱、三舱、四舱断面（图6.4-1）三种，为预制拼装和现浇钢筋混凝土结构，总长度14.37km。

6.4.2 预制构件设计

1. 预制构件的拆分

分块预制综合管廊按设计图纸要求每30m、36m设置一个标准段，标准段每6m为一个标准模块。对标准模块进行构件拆分时综合考虑构件尺寸、重量和经济性，满足受

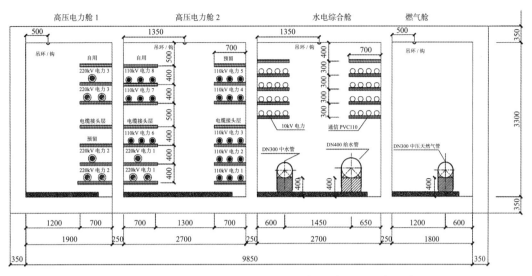

图 6.4-1　分块预制综合管廊标准断面（四舱）布置图（mm）

力合理、方便预制和运输吊装的总体要求。拆分后可分为外墙板、内墙板和顶板。每个标准段由 2 片预制外墙、2 片顶板及至少 1 片预制内墙（内墙数量由管廊舱数决定）和现浇底板组成。各预制构件均为 C40 混凝土工厂预制而成。预制构件之间通过特殊设计的连接节点相连，并后浇 C45 微膨胀混凝土，如图 6.4-2、图 6.4-3 所示。标准节段之间，顶板与顶板、外墙板与外墙板间的连接均采用环筋扣合连接。

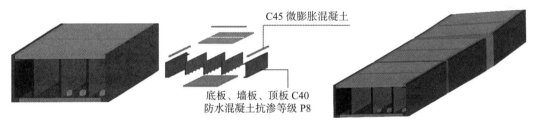

图 6.4-2　分块预制综合管廊构件拆分示意图　　　图 6.4-3　分块预制综合管廊标准节段连接示意图

2．预制构件节点设计

分块预制综合管廊按照"受力分析模型合理、重节点、重构造、重防水"的理念进行设计。其中预制外墙板与预制顶板、现浇底板采用环筋扣合连接；预制顶板与预制内墙板采用插销式连接；现浇底板与预制内墙板采用齿槽插孔式连接（图 6.4-4）。

分块预制管廊的节点设计至关重要，主要包括标准节段内各构件间的连接节点，以及标准节段之间的连接节点。各构件之间的连接节点主要指内、外墙板与现浇底板、预制顶板之间的连接节点，各节点详图如图 6.4-5 所示。

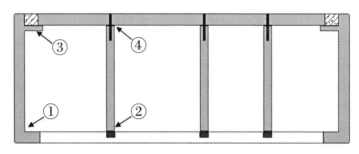

图 6.4-4　分块预制综合管廊构件连接示意图

说明：图 6.4-4 中①外墙—底板节点——环筋扣合连接；②内墙—底板节点——齿槽插孔式连接；③外墙—顶板节点——环筋扣合连接；④内墙—顶板——插销式连接。

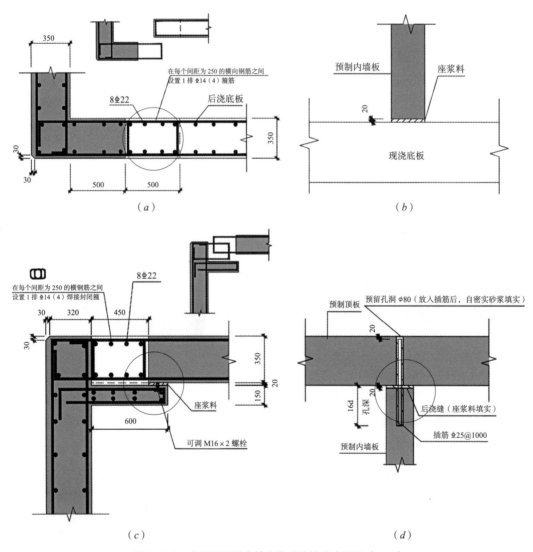

图 6.4-5　分块预制综合管廊构件连接节点详图（mm）

（a）外墙—底板节点；（b）内墙—底板节点；（c）外墙—顶板节点；（d）内墙—顶板节点

图 6.4-5 中各节点的设计要点包括：

（1）外墙—底板节点：环筋扣合连接外墙板预留环筋锚入现浇底板，其接缝处尽量靠近底板反弯点，避开底板受力最大处；连接处的外墙板须进行凿毛处理。

（2）内墙—底板节点：齿键插槽式连接便于现场施工安装；底板预留槽口，预制内墙下部一定间距设置齿键，节点为铰接连接，可有效抵抗底部水平剪力。

（3）外墙—顶板节点：采用环形扣合连接，并在外墙板顶部增加托板，其他与底板连接时类似。

（4）内墙—顶板节点：采用孔洞插筋连接，施工方便快捷，节点为铰接连接，可有效抵抗水平剪力。

装配完成的管廊标准节段之间通过环筋扣合实现纵向连接，并后浇 C45 微膨胀混凝土。连接节点主要产生于顶板与顶板、外墙板与外墙板之间，内墙板之间沿纵向采用砂浆勾缝连接。顶板和外墙连接节点详图如图 6.4-6 所示。

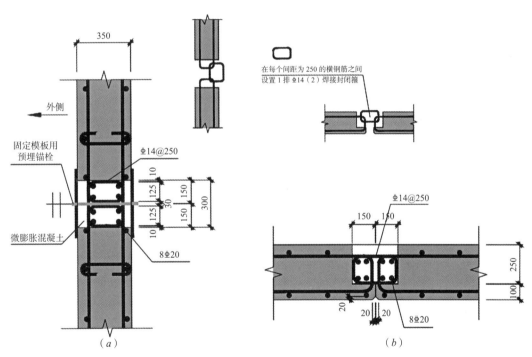

图 6.4-6 分块预制综合管廊构件连接节点详图（mm）
（a）外墙—外墙节点；（b）顶板—顶板节点

3．节点数值模拟分析

在进行分块预制综合管廊设计时，通过有限元模拟分析确保节点性能满足要求。通过 ABAQUS 软件进行有限元分析建立与实际结构尺寸、浇筑情况、强度等级相符的有限元模型，钢筋模型包括纵向受力环筋、环扣钢筋和箍筋。选取网格单元为 10cm

的八结点线性六面体单元模拟管廊混凝土结构，选取网格单元为10cm的两结点线性三维桁架单元模拟管廊钢筋。最终得出各节段管廊主体结构在土压力下的应力云图（图6.4-7）。模拟结果证实了分块预制节点与现浇节点的承载力、变形性能、破坏模式、钢筋屈服情况基本一致。

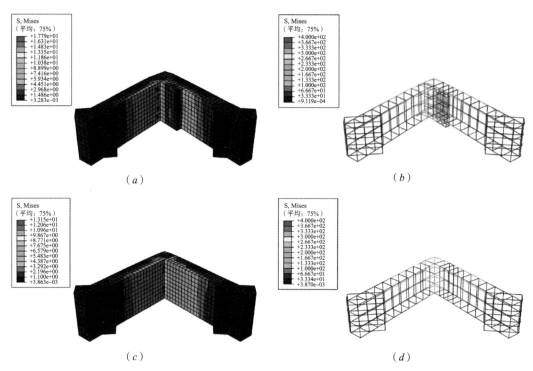

图6.4-7　分块预制综合管廊构件连接节点有限元分析
（*a*）顶板节点混凝土应力云图；（*b*）顶板节点钢筋应力云图；
（*c*）底板节点混凝土应力云图；（*d*）底板节点钢筋应力云图

6.4.3　节点防水构造

防水是分块预制综合管廊的关键。项目采用"防、排、补"三位一体的综合管廊结构防水体系。"防"是指结构本身的防水，主体结构底板、外墙板、顶板采用P8防水混凝土。节点防水是综合管廊防水关注的重点，主要包括连接节点防水和变形缝防水（侧墙变形缝、顶板变形缝），主要防水构造如图6.4-8所示。

底板和侧墙防水按照图纸要求铺设加强层（图6.4-9），转角两侧与外部卷材各搭接300mm、1150mm；同时阳角防水铺设前抹1∶2.5水泥砂浆圆弧倒角（*R*=30mm），待倒角成型后再进行防水卷材铺贴。后浇连接采用露骨料粗糙面+施工界面处理+防水卷材加强层+柔性防水卷材；变形缝处采用防水混凝土（P8）+可卸式橡胶止水带+中埋式橡胶止水带+防水卷材加强层+柔性防水卷材。

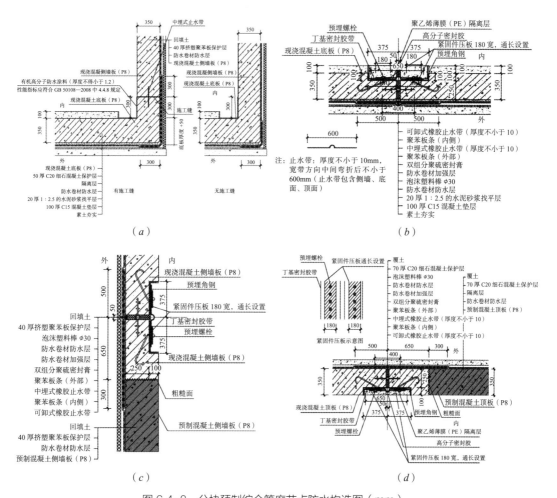

图 6.4-8　分块预制综合管廊节点防水构造图（mm）
（a）底板和侧墙防水；（b）底板变形缝防水；（c）侧墙变形缝防水；（d）顶板变形缝防水

　　"排"主要是指设置合理的排水措施。地下管廊排水系统主要包括：排水沟（设置在管廊外墙内侧及分舱隔墙两侧，积水通过排水沟有组织汇入集水坑后排出管廊）、集水坑、排水泵、传感器、其他排水设备（止回阀、截止阀、压力表、压力传感器等）。

　　"补"主要是指混凝土一旦发生渗漏，需要剔凿面层至基层，排查漏水点并进行标记。按 45° 角采用高压注浆的方式，使注浆料渗透到混凝土的细微裂缝并实现封堵；涂刷 1.0mm 厚水泥基渗透结晶型防水材料，再刮涂 3mm 厚聚合物改性水泥基防水浆料。所以，在要求混凝土结构防水的同时还要防裂。

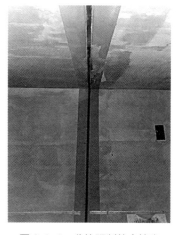

图 6.4-9　分块预制综合管廊变形缝防水构造成型效果

混凝土抗裂措施主要包括：1）大掺量粉煤灰混凝土技术：粉煤灰掺量40%以上，掺粉煤灰有利于降低水化温峰值和温峰出现时间，同时还可以抑制干缩变形；2）膨胀剂补偿收缩技术：用混凝土的限制膨胀来补偿混凝土的收缩；3）混凝土减缩剂的应用：减缩剂能有效减低混凝土的早期收缩、延缓早期开裂、减少裂缝数量；4）混凝土纤维增强抗裂作用：混凝土中适量掺加聚丙烯等纤维，可以减小混凝土的塑性收缩；5）混凝土的养护：施工中必须防止拌合水的损失。

6.4.4　主要施工工艺

1．主要施工工序

基坑支护验收完毕且垫层抗剪、抗浮措施完成后，进行防水卷材和保温的施工，首先对现浇段施工。待预制段介入后，先安装两侧外墙墙体，利用外墙墙体作为模板，现浇底板。底板强度达到75%之后，安装内隔墙，内隔墙齿插安装于底板上，同时左右侧临时固定斜撑，外侧顶板的牛腿上坐浆后安装顶板，牛腿上放置调平装置以确保顶板的平整度。构件安装完毕后即可进行节点处的插筋灌浆、后浇混凝土施工。预制段全程后浇混凝土均采用自身牛腿达到免支模的效果。主要施工工序为（图6.4-10）：铺设垫层→底板外防水→预制外墙吊装定位→底板钢筋绑扎→底板预留齿槽处埋设苯板固定→底板混凝土浇筑→预制内墙吊装定位→底板与预制内墙齿槽插入式连接→预制顶板吊装

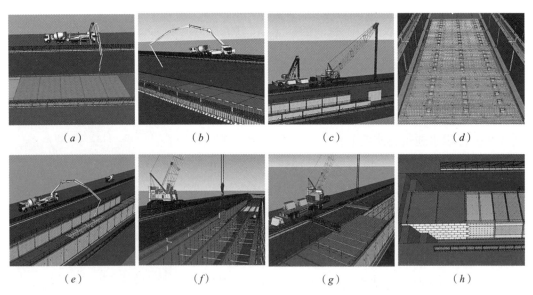

(*a*)	(*b*)	(*c*)	(*d*)
(*e*)	(*f*)	(*g*)	(*h*)

图6.4-10　分块预制综合管廊主要施工工序
（*a*）基坑开挖、垫层施工；（*b*）底板防水保护层施工；（*c*）外墙板安装；（*d*）底板钢筋绑扎；（*e*）底板混凝土浇筑；
（*f*）内墙板安装；（*g*）顶板安装；（*h*）施工缝、变形缝、防水、外墙挤塑板施工

定位→预制顶板与内墙销键连接→预制顶板与外墙节点的后浇带混凝土浇筑。

在进行施工过程中，外墙定位安装后需安装斜支撑，并复核、校正其垂直度。内墙、顶板安装时涉及坐浆施工，需重点控制其平整度；一般要求坐浆料厚度大于2cm，且中间部位高于两侧1cm，如图 6.4-11、图 6.4-12 所示。

图 6.4-11 外墙板安装后的斜撑安装和垂直度调整

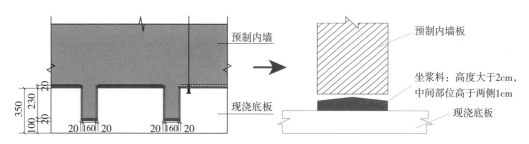

图 6.4-12 内墙板坐浆施工示意图（mm）

2. 预制构件的吊装

外墙、顶板外防水预制构件的主要安装流程：构件进场→外墙吊装→外墙支撑→底板筋绑扎、混凝土浇筑→底板成品养护→中隔板安装→管廊地面混凝土浇筑→成品养护→顶板吊装→灌浆→后浇带钢筋绑扎→后浇带浇筑。预制外墙、内墙和顶板在吊装安装之前需要进行必要的平整度控制和定位放线，具体的吊装工艺流程如图 6.4-13 所示。

在进行预制构件的吊装时，除可使用履带吊以外，还可以使用龙门吊。两者各有优劣，履带吊的优点在于其作为成品机械设备，随用随到；且移动灵活，在局部施工遇阻时可跳跃施工；可用于坡度较大地形起吊作业，受地形影响较小；可以兼顾基坑内其他材料调运。缺点是坡度较大的地方需要修筑吊装平台，租赁时间越长，费用越高。

龙门吊优点在于其移动速度较快，但缺点是需要沿线修筑轨道基础且轨道基础后期需破除，费用较高；另外，软弱地基需要进行地基处理后才能修筑轨道基础；基坑内龙门吊腿部需要至少1m宽运行空间，增加基坑土方开挖和回填量；基坑开挖局部施工遇阻时，容易造成机械闲置；暴雨期间，由于基坑不连续，容易遭浸泡，造成基坑边坡不稳定，存在安全隐患；作业段内基坑上下轨道相对高差要求高。对两种吊装方式进行初步对比见表 6.4-1。

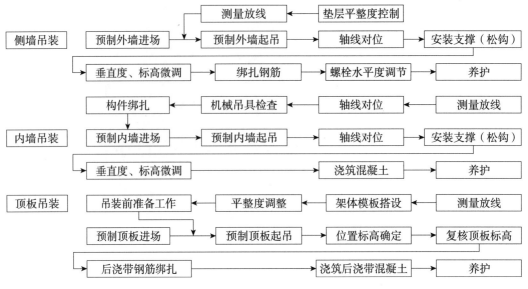

图 6.4-13　分块预制综合管廊构件吊装工艺流程

履带吊与龙门吊对比分析　　　　　　　表 6.4-1

机械	月租（万元）	月工程量（段）	总工程量	工期（月）	安拆费用（万元）	总金额（万元）	备注
龙门起重机	3.18	3	30	10	8	63.8	安拆 4 次计算（线性工程工作面不连续）
250t 履带起重机	17.8	10	30	3	10	63.4	仅进出场时安拆 1 次

　　由表 6.4-1 可见，当两种机械进行相同工程量的施工作业时，总费用相近，但使用履带吊在工期上有着较为明显的优势，因此在进行分块预制综合管廊的施工时，建议使用满足施工需求的履带吊，但也需根据工程实际情况具体分析。

6.4.5　技术经济及效益分析

　　分块预制综合管廊施工分为构件工厂预制和现拼装两部分，预制拼装施工工艺将钢筋绑扎、模板安装、混凝土浇筑与养护、构件脱模与质量验收等主要内容置于工厂完成，不占用总工期。而全现浇整体式综合管廊施工所有步骤均需要在施工现场完成。在现场施工流程中，由于基坑开挖、支护，垫层施工，土方回填以及基坑支护拆除等环节，对于分块预制和整体现浇综合管廊的要求是一样的，因此所占总工期也相同。表 6.4-2 列出了分块预制和整体现浇综合管廊的工期及人员投入对比。以 30m 的施工段为例，分块预制综合管廊工期约为 24d，现浇综合管廊工期约为 31d，分块预制比现浇综合管廊施工工期缩短约 23%。同时，现浇需要大量的人员投入，分块预制综合管廊总人时约为 162 人·d，而现浇综合管廊总人工时约为 277 人·d，总人工时缩短了41.5%。

分块预制和整体现浇综合管廊工期及人员需求对比　　　　表 6.4-2

建造方式	工作天数（d）	总人工时（人·d）
分块预制	24	162
整体现浇	31	277

在经济性方面，仍以 30m 施工段为例，分块预制和整体现浇的总成本对比见表 6.4-3，采用分块预制施工总成本 73.19 万元，而现浇段施工总成本只有 46.49 万元，分块式预制成本比整体现浇高 57%。得益于现阶段国家和地方大力推广建筑工业化，分块式预制利润率可达 17.75%，相比于整体现浇略有增加。

分块预制和整体现浇综合管廊成本对比　　　　表 6.4-3

建造方式	人工费（万元）	材料费（万元）	机械费（万元）	总成本（万元）	总概算（万元）	利润率
分块预制	3.95	68.44	0.80	73.19	88.98	17.75%
整体现浇	8.54	37.37	0.58	46.49	54.20	14.21%

因此，分块预制综合管廊与传统整体现浇方式相比，减少了现场绑扎钢筋、模板支护、混凝土浇筑与养护、模板拆除等环节，缩短了工期、减少了现场人工投入。中建二局绵阳管廊项目采用分块预制技术进行综合管廊的施工，不论是成型质量、观感品质、安装速度，还是施工现场管理等方面均较整体现浇模式有较大提升，实施效果良好，值得大力推广。

附录A 综合管廊工程模型单元交付深度

A.0.1 综合管廊工程方案设计阶段的模型单元交付深度应符合表 A.0.1 的规定。

综合管廊工程方案设计阶段模型单元交付深度 表 A.0.1

一级系统	二级系统	三级系统	模型单元	几何信息		属性信息	
				等级	内容	等级	内容
综合管廊工程	总图	管廊线路平面	平面直线段、平面曲线段	G2	空间位置、起点、终点	N1	名称、里程、曲线要素、线路长度
		管廊线路纵面	纵面直线段、纵面曲线段	G2	空间位置、高程、起点、终点	N1	名称、里程、曲线要素、线路长度
	建筑系统	建筑墙	建筑外墙、建筑内墙	G2	空间位置、构造尺寸	N1	名称、编号、类型
		建筑柱	构造柱	G2	空间位置、构造尺寸	N1	名称、编号、类型
		楼板	楼板	G2	空间位置、构造尺寸	N1	名称、编号、类型
	主体结构	标准断面结构	标准断面结构	G2	空间位置、构造尺寸	N1	名称、编号、断面形状、分舱类型等
		围护结构	支护桩、支撑、围檩	G2	空间位置、构造尺寸	N1	名称、编号、类型
	暖通空调	通风系统	设备	G1	宜采用二维符号替代或构件基本的外形轮廓	N1	名称、编号、设备类型
		空气调节系统	设备	G1	宜采用二维符号替代或构件基本的外形轮廓	N1	名称、编号、设备类型
	供配电系统	配变电所	配变电所	G2	空间位置、构造尺寸	N1	名称、设备类型、规格型号
		高压供配电系统	高压开关柜、箱式变电站、变压器	G1	宜采用二维符号替代或构件基本的外形轮廓	N1	名称、设备类型以及规格
		低压供配电系统	低压开关柜	G1	宜采用二维符号替代或构件基本的外形轮廓	N1	名称、设备类型、规格型号
		自备应急电源系统	柴油发电机组	G1	宜采用二维符号替代或构件基本的外形轮廓	N1	名称、设备类型、规格型号
	机房工程	机房工程	机房	G2	空间位置、构造尺寸	N1	名称、设备类型、规格型号

一级系统	二级系统	三级系统	模型单元	几何信息		属性信息	
				等级	内容	等级	内容
综合管廊工程	入廊管线	给水、再生水管道	给水、再生水管道	G2	空间位置、构造尺寸	N1	名称、编号、类型
		直饮水管道	直饮水管道	G2	空间位置、构造尺寸	N1	名称、编号、类型
		雨水管道	雨水管道	G2	空间位置、构造尺寸	N1	名称、编号、类型
		污水管道	污水管道	G2	空间位置、构造尺寸	N1	名称、编号、类型
		热力管道	热力管道	G2	空间位置、构造尺寸	N1	名称、编号、类型
		天然气管道	管道	G2	空间位置、构造尺寸	N1	名称、编号、类型
		电力电缆	电力电缆、电力电缆桥架	G2	空间位置、构造尺寸	N1	名称、编号、类型
		通信线缆	线缆桥架	G2	空间位置、构造尺寸	N1	名称、编号、类型

A.0.2 综合管廊工程初步设计阶段的模型单元交付深度应符合表 A.0.2 的规定。

综合管廊工程初步设计阶段模型单元交付深度　　　表 A.0.2

一级系统	二级系统	三级系统	模型单元	几何信息		属性信息	
				等级	内容	等级	内容
综合管廊工程	总图	管廊线路平面	平面直线段、平面曲线段	G2	空间位置、起点、终点	N2	名称、里程、曲线要素
		管廊线路纵面	纵面直线段、纵面曲线段	G2	空间位置、高程、起点、终点	N2	名称、里程、曲线要素
	建筑系统	建筑墙	建筑外墙、建筑内墙	G2	空间位置、标高、长度、宽度、高度等尺寸信息及定位信息	N2	名称、编号、材料要求、材料用量、耐火极限、燃烧性能等级
		建筑柱	构造柱	G2	空间位置、标高、长度、宽度、高度等尺寸信息及定位信息	N2	名称、编号、材料要求、材料用量、耐火极限、燃烧性能等级
		门窗	通风百叶、观察窗、普通门、防火门、人防门等	G2	空间位置、安装高度、宽度、高度、厚度等尺寸信息及定位信息	N2	名称、编号、类型、规格型号、材料要求、材料用量、防火等级

一级系统	二级系统	三级系统	模型单元	几何信息		属性信息	
				等级	内容	等级	内容
综合管廊工程	建筑系统	屋顶	基层、面层	G2	空间位置、标高、长度、宽度、厚度等尺寸信息及定位信息	N2	名称、编号、屋顶类型、屋顶材料要求、材料用量、防水做法、耐火极限
		楼板	楼板结构层	G2	空间位置、标高、长度、宽度、厚度等尺寸信息及定位信息	N2	名称、编号、材料要求、材料用量、耐火极限、燃烧性能等级
		幕墙	嵌板、主要支撑构件	G2	空间位置、标高、宽度、高度、厚度等尺寸信息及定位信息	N2	名称、编号、嵌板类型、规格型号、材料要求、材料用量、耐火极限
		顶棚	板材、主要支撑构件	G2	空间位置、标高、宽度、高度、厚度等尺寸信息及定位信息	N2	名称、编号、板材类型、规格型号、材料要求、材料用量、燃烧性能等级
		楼梯	梯段、平台、梁	G2	空间位置、标高、宽度、高度、坡度等尺寸信息及定位信息	N2	名称、编号、楼梯类型、材料类型、材料用量、耐火等级、耐火性要求、面层做法
		爬梯	梯段、平台、踏步	G2	空间位置、标高、宽度、高度、坡度、深度等尺寸信息及定位信息	N2	名称、编号、材料要求、材料用量、耐腐蚀性要求
		坡道台阶	基层、面层	G2	空间位置、标高、宽度、高度、坡度等尺寸信息及定位信息	N2	名称、编号、规格型号、材料要求、材料用量
		栏杆	扶手、栏杆、护栏、主要支撑构件	G2	空间位置、长度、宽度、截面形状及对应尺寸、材料厚度及高度等尺寸信息及定位信息	N2	名称、编号、规格型号、材料要求、材料用量
		雨篷	基层、面层、板材、主要支撑构件	G2	空间位置、标高、长度、宽度、高度、厚度等尺寸信息及定位信息	N2	名称、编号、雨篷类型、板材类型、规格型号、材料要求、材料用量、耐火极限
	主体结构	标准断面	标准断面结构	G2	桩号范围、标高、断面净宽、净高、结构厚度、覆土深度、横坡、板厚、墙厚等尺寸信息及定位信息	N2	名称、编号、断面形状、分舱类型
		地基基础	地基桩、承台、锚杆、垫层	G2	空间位置、标高、直径、间距、长度、宽度、厚度等尺寸信息及定位信息	N2	名称、编号、类型

续表

一级系统	二级系统	三级系统	模型单元	几何信息		属性信息	
				等级	内容	等级	内容
综合管廊工程	主体结构	混凝土结构	混凝土梁、混凝土板、混凝土柱、混凝土墙	G2	桩号范围、相对位置、标高、长度、宽度、高度、保护层厚度等尺寸信息及定位信息	N2	名称、编号、构件类型
		围护结构	支护桩、支撑、围檩	G2	空间位置、标高、直径、间距、长度、宽度、厚度等尺寸信息及定位信息	N2	名称、编号、类型、混凝土要求、混凝土用量
	附属结构	支墩支架	支墩、支架、吊架	G1	宜采用二维符号替代或构件基本的外形轮廓	N2	名称、编号、支墩支架类型
	暖通空调	通风系统	设备	G2	空间位置、长度、宽度、高度等尺寸信息及定位信息	N2	名称、编号、设备类型、风量、风压、设备尺寸、效率、噪声、额定功率
			风管	G2	空间位置、长度、外径、内径、壁厚等尺寸信息及定位信息	N2	名称、编号、系统类型、材质、材料用量、压力等级、防护措施、连接方式
			风管管件、风管附件	G1	宜采用二维符号替代或构件基本的外形轮廓	N1	名称、编号、系统类型
			支架、吊架	G1	宜采用二维符号替代或构件基本的外形轮廓	N1	名称、编号、支吊架类型
		空气调节系统	设备	G2	空间位置、长度、宽度、高度等尺寸信息及定位信息	N2	名称、编号、设备类型、性能参数、规格信息、设备数量、额定功率
			水管	G2	空间位置、公称直径、壁厚等尺寸信息及定位信息	N2	名称、编号、类型、材质要求、材料用量、管线类别、压力等级、流量、流速、密封要求、防护措施、连接方式
			水管管件、水管附件、冷媒管、冷媒管附件、保温层	G1	宜采用二维符号替代或构件基本的外形轮廓	N1	名称、编号、系统类型
	供配电系统	配变电所机房	配变电所	G2	桩号范围、相对位置、长度、宽度、高度等尺寸信息及定位信息	N2	名称、配变电所类型、防雷电要求

一级系统	二级系统	三级系统	模型单元	几何信息		属性信息	
				等级	内容	等级	内容
综合管廊工程	供配电系统	高压供配电系统	高压开关柜	G2	宽度、高度、深度等尺寸信息及定位信息	N2	名称、编号、开关柜类型、材料要求、开关柜数量
			直流屏	G2	长度、宽度、高度等尺寸信息及定位信息	N2	名称、编号、直流屏类型、材料要求、电池容量、直流屏数量
			变压器、箱式变电站	G2	长度、宽度、高度等尺寸信息及定位信息	N2	名称、编号、类型、材料要求、能耗级别、额定容量、防护等级、防腐措施、数量
		低压供配电系统	低压开关柜、电容补偿柜	G2	相对位置、宽度、高度、深度等尺寸信息及定位信息	N2	名称、编号、设备类型、材料要求、设备容量、设备数量
		自备应急电源系统	应急电源（EPS）、不间断电源（UPS）、柴油发电机组	G2	长度、宽度、高度等尺寸信息及定位信息	N2	名称、编号、发电机类型、输入参数、输出参数、容量、电源数量、功率类型、功率要求
	消防报警系统	消防报警系统	控制器、探测设备、报警设备、输出模块、消防电话、应急广播、应急照明、疏散指示、消防电源监控、防火门监控	G1	宜采用二维符号替代或构件基本的外形轮廓	N1	名称、编号、类型、规格型号
	机房工程	功能中心工程	控制柜、打印机、操作员站、显示器、专用席位、操作台、大屏	G1	宜采用二维符号替代或构件基本的外形轮廓	N1	名称、编号、类型、规格型号
			UPS、电源柜	G1	宜采用二维符号替代或构件基本的外形轮廓	N1	名称、编号、类型、规格型号
	排水系统	排水系统	潜水泵	G1	宜采用二维符号替代或构件基本的外形轮廓	N1	名称、编号、设备类型以及规格型号
			管道	G1	宜采用二维符号替代或构件基本的外形轮廓	N1	名称、编号、管道类型以及规格型号
			集水坑、排水沟、盖板	G1	宜采用二维符号替代或构件基本的外形轮廓	N1	名称、编号、类型、规格型号

续表

一级系统	二级系统	三级系统	模型单元	几何信息		属性信息	
				等级	内容	等级	内容
	消防系统	干粉自动灭火系统	超细干粉自动灭火装置	G1	宜采用二维符号替代或构件基本的外形轮廓	N2	名称、编号、装置类型以及规格等
		细水喷雾自动灭火系统	消防泵、管道	G1	宜采用二维符号替代或构件基本的外形轮廓	N1	名称、编号、类型、规格型号
		手动灭火系统	干粉灭火器	G1	宜采用二维符号替代或构件基本的外形轮廓	N1	名称、编号、设备类型以及规格
	支吊架系统	支吊架	成品支架、焊接支架、成品吊架、焊接吊架	G1	宜采用二维符号替代或构件基本的外形轮廓	N1	名称、编号、支架类型、材料要求、规格型号
	标识系统	标识系统	管廊标识	G1	宜采用二维符号替代或构件基本的外形轮廓	N1	名称、编号、标识类型
综合管廊工程	入廊管线	给水、再生水管道	给水、再生水管道	G2	空间位置、长度、公称直径、壁厚、坡度等尺寸信息及定位信息	N2	名称、编号、系统类型、材质、管线类别、压力等级、防腐措施、规格型号、连接方式、数量
			管件、阀门、仪表、支吊架、支墩	G1	宜采用二维符号替代或构件基本的外形轮廓	N1	名称、编号、类型、规格型号
		直饮水管道	直饮水管道	G2	空间位置、长度、公称直径、壁厚、坡度等尺寸信息及定位信息	N2	名称、编号、系统类型、材质、管线类别、压力等级、防腐措施、规格型号、连接方式、数量
			管件、阀门、仪表、支吊架、支墩	G1	宜采用二维符号替代或构件基本的外形轮廓	N1	名称、编号、类型、规格型号
		雨水管道	雨水管道	G2	空间位置、长度、公称直径、壁厚、坡度等尺寸信息及定位信息	N2	名称、编号、系统类型、材质、管线类别、压力等级、防腐措施、规格型号、连接方式、数量
			附属设施管件、管件、阀门、仪表、支吊架、支墩、排污设备、排水设备、附属设施	G1	宜采用二维符号替代或构件基本的外形轮廓	N1	名称、编号、类型、规格型号

续表

一级系统	二级系统	三级系统	模型单元	几何信息		属性信息	
				等级	内容	等级	内容
综合管廊工程	入廊管线	污水管道	污水管道	G2	空间位置、长度、公称直径、壁厚、坡度等尺寸信息及定位信息	N2	名称、编号、系统类型、材质、管线类别、压力等级、防腐措施、规格型号、连接方式、数量
			管件、阀门、仪表、支吊架、支墩、排污设备、附属设施	G1	宜采用二维符号替代或构件基本的外形轮廓	N1	名称、编号、类型、规格型号
		热力管道	热力管道	G2	空间位置、长度、公称直径、壁厚、坡度等尺寸信息及定位信息	N2	名称、编号、材质、管线类别、压力等级、焊接要求、严密性试验要求、耐久性要求、规格型号、连接方式、材料要求、数量
			管件、阀门、仪表、支吊架	G1	宜采用二维符号替代或构件基本的外形轮廓	N1	名称、编号、类型、规格型号
		天然气管道	管道	G2	空间位置、长度、公称直径、壁厚、坡度等尺寸信息及定位信息	N2	名称、编号、材质、管线类别、压力等级、焊接要求、严密性试验要求、耐久性要求、规格型号、连接方式、材料要求、数量
			管件、阀门、仪表、支吊架、支墩	G1	宜采用二维符号替代或构件基本的外形轮廓	N1	名称、编号、类型、规格型号
		电力电缆	电力电缆、电力电缆桥架	G2	安装位置、安装高度、截面尺寸、长度等尺寸信息及定位信息	N2	名称、编号、管线及配件类型、规格型号、材料要求、导电性能、荷载强度、耐久性要求、接地形式、数量
			电力电缆配件、电力电缆桥架配件、支吊架、变压器、配电箱	G1	宜采用二维符号替代或构件基本的外形轮廓	N1	名称、编号、类型、规格型号
		通信线缆	线缆桥架	G2	安装位置、标高、长度、宽度、高度等尺寸信息及定位信息	N2	名称、编号、桥架及配件形式、材料要求、材料用量、荷载强度、耐久性要求、接地形式
			线缆配件、线缆桥架配件、支吊架	G1	宜采用二维符号替代或构件基本的外形轮廓	N1	名称、编号、类型、规格型号

A.0.3 综合管廊工程施工图设计阶段的模型单元交付深度应符合表 A.0.3 的规定。

综合管廊工程施工图设计模型单元交付深度 表 A.0.3

一级系统	二级系统	三级系统	模型单元	几何信息		属性信息	
				等级	内容	等级	内容
综合管廊工程	总图	管廊线路平面	平面直线段、平面曲线段	G3	空间位置、起点、终点	N2	名称、里程、曲线要素
		管廊线路纵面	纵面直线段、纵面曲线段	G3	空间位置、高程、起点、终点	N2	名称、里程、曲线要素
	建筑系统	建筑墙	建筑外墙、建筑内墙	G3	位置、标高、长度、宽度、高度、厚度等尺寸信息及定位信息	N2	名称、编号、材料要求、材料用量、耐火极限、燃烧性能等级
		建筑柱	构造柱	G3	位置、标高、长度、宽度、高度等尺寸信息及定位信息	N2	名称、编号、材料要求、材料用量、耐火极限、燃烧性能等级
		建筑梁	圈梁、过梁	G3	位置、标高、长度、宽度、高度等尺寸信息及定位信息	N2	名称、编号、材料要求、材料用量、耐火极限、燃烧性能等级
		门窗	通风百叶、观察窗、普通门、防火门、人防门等	G3	位置、安装高度、宽度、高度、厚度等尺寸信息及定位信息	N2	名称、编号、类型、规格型号、材料要求、材料用量、防火等级
		屋顶	屋顶构造层、檐口	G3	位置、标高、宽度、高度、厚度等尺寸信息及定位信息	N2	名称、编号、屋顶类型、材料要求、材料用量、防水做法、耐火极限
		楼板	楼板结构层	G3	位置、标高、长度、宽度、厚度等尺寸信息及定位信息	N2	名称、编号、材料要求、材料用量、耐火极限、燃烧性能等级
		幕墙	嵌板、主要支撑构件	G3	位置、标高、宽度、高度、厚度等尺寸信息及定位信息	N2	名称、编号、嵌板类型、规格型号、材料要求、材料用量、耐火极限
		顶棚	板材、主要支撑构件	G3	位置、标高、宽度、高度、厚度等尺寸信息及定位信息	N2	名称、编号、板材类型、规格型号、材料要求、材料用量、燃烧性能等级
		楼梯	梯段、平台、梁、栏杆、栏板	G3	位置、标高、宽度、高度、坡度等尺寸信息及定位信息	N2	名称、编号、楼梯类型、材料要求、材料用量、耐火等级、耐火性要求、面层做法
		爬梯	梯段、平台、踏步、栏杆、栏板、防滑条、扶手	G3	位置、标高、宽度、高度、坡度、深度等尺寸信息及定位信息	N2	名称、编号、材料要求、材料用量、耐腐蚀性要求
		坡道台阶	基层、面层、栏杆、栏板	G3	位置、标高、宽度、高度、坡度等尺寸信息及定位信息	N2	名称、编号、规格型号、材料要求、材料用量

续表

一级系统	二级系统	三级系统	模型单元	几何信息		属性信息	
				等级	内容	等级	内容
综合管廊工程	建筑系统	栏杆	扶手、栏杆、护栏、主要支撑构件	G3	位置、长度、宽度、截面形状及对应尺寸、材料厚度及高度等尺寸信息及定位信息	N2	名称、编号、规格型号、材料要求、材料用量
		雨篷	基层、面层、板材、主要支撑构件	G3	位置、标高、长度、宽度、高度、厚度等尺寸信息及定位信息	N2	名称、编号、雨篷类型、板材类型、规格型号、材料要求、材料用量、耐火极限
		设备孔洞	孔洞	G3	位置、长度、宽度、高度、坡度等尺寸信息及定位信息	N2	名称、编号、类型、规格型号、孔洞形状、材料要求、材料用量
		预埋件	预埋件	G3	位置、长度、宽度、高度等尺寸信息及定位信息	N2	名称、编号、类型、规格型号、材料要求、材料用量
	主体结构	标准断面	标准断面结构	G3	桩号范围、标高、断面净宽净高、结构厚度、覆土深度等尺寸信息及定位信息	N2	名称、编号、断面形状、分舱类型、混凝土要求、混凝土用量、钢筋材料要求、钢筋用量、预应力筋材料要求、预应力筋材料用量、张拉方式、张拉要求、接头形式
		地基基础	地基桩、承台、锚杆、垫层	G3	空间位置、标高、直径、间距、长度、宽度、厚度等尺寸信息及定位信息	N2	名称、编号、类型、混凝土要求、混凝土用量、注浆材料要求及用量、钢筋材料要求、钢筋用量、承载力
		混凝土结构	混凝土梁、混凝土板、混凝土柱、混凝土墙、混凝土节点、混凝土牛腿	G3	桩号范围、相对位置、标高、长度、宽度、高度、保护层厚度等尺寸信息及定位信息	N2	名称、编号、混凝土梁类型、混凝土材料要求、混凝土用量、钢筋材料要求、钢筋用量、耐火等级、耐久性要求
			孔洞	G3	空间位置、长度、宽度、高度等尺寸信息及定位信息	N2	名称、编号、孔洞形状、材料要求、材料用量、孔洞数量
			预埋件	G2	桩号范围、相对位置、标高、长度、宽度、高度等尺寸信息及定位信息	N2	名称、编号、规格型号、材料要求、材料用量、预埋件数量
		变形缝、施工缝	止水带、止水钢板、填充物、密封材料、盖缝板	G2	桩号范围、相对位置、长度、宽度、高度、填充物尺寸、盖缝板尺寸、其他构件尺寸等尺寸信息及定位信息	N2	名称、编号、变形缝或施工缝类型、填料要求、填料用量、其他构件材料要求及用量

续表

一级系统	二级系统	三级系统	模型单元	几何信息		属性信息	
				等级	内容	等级	内容
综合管廊工程	主体结构	围护结构	支护桩、支撑、围檩	G3	空间位置、标高、直径、间距、长度、宽度、厚度等尺寸信息及定位信息	N2	名称、编号、类型、混凝土要求、混凝土用量、注浆材料要求及用量、钢筋要求、钢筋用量、钢材要求、钢材用量
	附属结构	支墩支架	支墩、支架、吊架	G3	空间位置、长度、宽度、高度等尺寸信息及定位信息	N2	名称、编号、支墩支架类型、材料要求、材料用量、荷载要求、机械性能以及支墩支架数量
	暖通空调	通风系统	设备	G3	空间位置、长度、宽度、高度等尺寸信息及定位信息	N2	名称、编号、设备类型、风量、风压、设备尺寸、效率、噪声、额定功率
			风管、风管管件、风管附件	G3	空间位置、长度、外径、内径、壁厚等尺寸信息及定位信息	N2	名称、编号、系统类型、材质、材料用量、压力等级、防护措施、连接方式、管件数量
			支架、吊架	G3	长度、宽度、高度等尺寸信息及定位信息	N2	名称、编号、支架类型、材料要求、材料用量、荷载要求、机械性能以及支架数量
		空气调节系统	设备	G3	空间位置、长度、宽度、高度等尺寸信息及定位信息	N2	名称、编号、设备类型、性能参数、规格信息、设备数量、额定功率
			水管、水管管件、水管附件、冷媒管、冷媒管附件	G3	空间位置、公称直径、壁厚等尺寸信息及定位信息	N2	名称、编号、类型、材质要求、材料用量、管线类别、压力等级、流量、流速、密封要求、防护措施、连接方式、管件数量
			保温层	G3	空间位置、标高、宽度、高度、厚度等尺寸信息及定位信息	N2	名称、编号、保温层材料要求、材料用量、耐火等级
	供配电系统	配变电所机房要求	配变电所布置	G3	桩号范围、相对位置、长度、宽度、高度等尺寸信息及定位信息	N2	名称、编号、配变电所包括功能房间、防雷电要求
		高压供配电系统	高压开关柜	G3	长度、宽度、高度等尺寸信息及定位信息	N2	名称、编号、开关柜类型、材料要求、开关柜数量
			直流屏	G3	长度、宽度、高度等尺寸信息及定位信息	N2	名称、编号、直流屏类型、材料要求、电池容量、直流屏数量
			变压器、箱式变电站	G3	长度、宽度、高度等尺寸信息及定位信息	N2	名称、编号、类型、材料要求、能耗级别、额定容量、防护等级、防腐措施、数量

续表

一级系统	二级系统	三级系统	模型单元	几何信息		属性信息	
				等级	内容	等级	内容
综合管廊工程	供配电系统	低压供配电系统	低压开关柜、电容补偿柜、低压配电箱、现场控制箱、维修插座箱、按钮箱	G3	宽度、高度、深度等尺寸信息及定位信息	N2	名称、编号、设备类型、材料要求、设备容量、设备数量
		自备应急电源系统	应急电源（EPS）、不间断电源（UPS）、柴油发电机组	G2	长度、宽度、高度等尺寸信息及定位信息	N2	名称、编号、发电机类型、输入参数、输出参数、容量、电源数量、功率类型、功率要求
		供配电系统线路及线路敷设	桥架、桥架配件	G3	安装位置、标高、长度、宽度、高度等尺寸信息及定位信息	N2	名称、编号、桥架及配件形式、材料要求、材料用量、荷载强度、耐久性要求、接地形式
			线管、线槽、线缆、母线、母线槽	G3	安装位置、安装高度、截面尺寸、长度等尺寸信息及定位信息	N2	名称、编号、管线及配件类型、规格型号、材料要求、数量
			支架、吊架	G3	长度、宽度、高度等尺寸信息及定位信息	N2	名称、编号、支架类型、材料要求、材料用量、荷载要求、机械性能、支架数量
	照明系统	电气照明系统	室内照明灯、室外照明灯	G3	安装间距、安装高度、长度、宽度、高度等尺寸信息及定位信息	N2	名称、编号、灯具类型、照明类型、规格型号、光源类型、材料要求、使用寿命、灯具数量、额定功率
		应急照明、疏散指示系统	应急照明灯、疏散指示灯	G3	安装间距、安装高度、长度、宽度、高度等尺寸信息及定位信息	N2	名称、编号、灯具类型、照明类型、规格型号、光源类型、灯具数量、额定功率
		照明配电系统	照明配电箱	G3	长度、宽度、高度等尺寸信息及定位信息	N2	名称、编号、规格型号、材料要求、设备容量、配电箱数量
			开关、插座	G3	长度、宽度、高度等尺寸信息及定位信息	N2	名称、编号、类型、规格型号、额定电压、额定电流、开关数量
	防雷与接地系统	防雷与接地系统	防雷、接地	G3	长度、宽度、高度等尺寸信息及定位信息	N2	名称、编号、防雷及接地类型、材料要求、材料用量、焊接要求、防腐措施、接地电阻大小
		安全防护	等电位箱	G3	长度、宽度、高度等尺寸信息及定位信息	N2	名称、编号、电箱类型、规格型号、材料要求、电箱数量

续表

一级系统	二级系统	三级系统	模型单元	几何信息		属性信息	
				等级	内容	等级	内容
综合管廊工程	环境与设备监控系统	PLC及上位机	PLC柜、监控操作站、操作台	G2	长度、宽度、高度等尺寸信息以及定位信息	N2	名称、编号、机柜类型、规格型号、材料要求
		仪表系统	仪表箱、仪表	G2	长度、宽度、高度等尺寸信息以及定位信息	N2	名称、编号、仪表箱类型、规格型号、材料要求、数量
	信息设施系统	信息设施系统	网络机柜、配线架、信息插座	G2	长度、宽度、高度等尺寸信息以及定位信息	N2	名称、编号、类型、规格型号、数量
	公共安全系统	视频监控	视频监控控制柜、摄像机	G2	长度、宽度、高度等尺寸信息以及定位信息	N2	名称、编号、类型、规格型号、数量、镜头要求、照度要求
		安全防范系统	报警装置、探测器	G2	长度、宽度、高度等尺寸信息以及定位信息	N2	名称、编号、装置类型、规格型号以及数量
		门禁系统	出门按钮、磁力锁、读卡器	G2	长度、宽度、高度等尺寸信息以及定位信息	N2	名称、编号、按钮类型、规格型号以及按钮数量
	消防报警系统	消防报警系统	控制器、探测设备、报警设备、输出模块、消防电话、应急广播、应急照明、疏散指示、消防电源监控、防火门监控	G2	安装位置、长度、宽度、高度等尺寸信息及定位信息	N2	名称、编号、设备类型、规格型号、材料要求、设备数量
	机房工程	功能中心工程	控制柜	G2	长度、宽度、高度等尺寸信息以及定位信息	N2	名称、编号、设备类型、规格型号、材料要求、控制柜数量
			操作员站、专用席位、操作台	G2	长度、宽度、高度等尺寸信息以及定位信息	N2	名称、编号、类型、规格型号、材料要求
			打印机、显示器、大屏	G2	长度、宽度、厚度等尺寸信息以及定位信息	N2	名称、编号、大屏类型、规格型号、分辨率、对比度、亮度、材料要求、额定功率
		UPS及配电	UPS、电源柜	G2	相对位置、宽度、高度、深度等尺寸信息以及定位信息	N2	名称、编号、电压要求、电源柜类型、规格型号、材料要求、设备容量、数量
	电话通信系统	电话通信系统	电话机	G2	安装位置、长度、宽度、高度等尺寸信息及定位信息	N2	名称、编号、电话机类型、规格型号、电话机数量

续表

一级系统	二级系统	三级系统	模型单元	几何信息		属性信息	
				等级	内容	等级	内容
综合管廊工程	智能化系统	智能化系统线路及敷设	桥架、桥架配件	G2	相对位置、标高、长度、宽度、高度等尺寸信息及定位信息	N2	名称、编号、桥架形式、桥架材料要求、材料用量、荷载强度、配件类型、配件材料要求、配件数量、耐久性要求、接地形式
			支架、吊架	G2	长度、宽度、高度等尺寸信息及定位信息	N2	名称、编号、支架类型、材料要求、材料用量、荷载要求、机械性能、支架数量
			线缆、线管	G2	安装位置、安装高度、截面尺寸、长度等尺寸信息以及定位信息	N2	名称、编号、管线类型、材料要求、材料用量、规格型号、配件类型、配件数量
	排水系统	排水系统	潜水泵	G2	空间位置、长度、宽度、高度、接口管径等尺寸信息以及定位信息	N2	名称、编号、水泵类型、连接方式、材料要求、流量、扬程、数量、额定功率
			管道、管件、管路附件	G2	空间位置、长度、公称直径、壁厚、坡度等尺寸信息及定位信息	N2	名称、编号、系统类型、材质、管线类别、压力等级、防腐措施、规格型号、连接方式、数量
			集水坑、排水沟、盖板	G2	空间位置、长度、宽度、高度、接口管径等尺寸信息及定位信息	N2	名称、编号、混凝土要求、混凝土用量、盖板材质、盖板数量
	消防系统	干粉自动灭火系统	超细干粉自动灭火装置	G2	空间位置、高度、管径等尺寸信息以及定位信息	N2	名称、编号、装置类型、规格型号、喷头类型、充装量、启动方式、数量
		细水喷雾自动灭火系统	消防泵	G2	空间位置、长度、宽度、高度、接口管径等尺寸信息以及定位信息	N2	名称、编号、水泵类型、连接方式、材料要求、流量、扬程、数量、额定功率
			管道、管件、管路附件	G2	空间位置、长度、公称直径、壁厚、坡度等尺寸信息及定位信息	N2	名称、编号、系统类型、材质、管线类别、压力等级、防腐措施、规格型号、连接方式、数量
		手动灭火系统	干粉灭火器	G2	空间位置、高度、直径等尺寸信息以及定位信息	N2	名称、编号、灭火器类型、规格型号
	支吊架系统	支吊架	成品支架、焊接支架、成品吊架、焊接吊架	G2	空间位置、长度、宽度、高度等尺寸信息及定位信息	N2	名称、编号、支架类型、材料要求、规格型号、荷载大小

续表

一级系统	二级系统	三级系统	模型单元	几何信息		属性信息	
				等级	内容	等级	内容
综合管廊工程	标识系统	标识系统	管廊介绍标识、警示标识、附属设施标识、里程标识、导向标识	G2	空间位置、宽度、高度、厚度等尺寸信息以及定位信息	N2	名称、编号、标识类型、材料要求、标识数量、固定方式、标志内容
	入廊管线	给水、再生水管道	给水、再生水管道、管件、阀门、仪表	G2	空间位置、长度、公称直径、壁厚、坡度等尺寸信息及定位信息	N2	名称、编号、系统类型、材质、管线类别、压力等级、防腐措施、规格型号、连接方式、数量
			支吊架、支墩	G2	空间位置、长度、宽度、高度等尺寸信息及定位信息	N2	名称、编号、支架类型、材料要求、材料用量、荷载要求、机械性能、支架数量
		直饮水管道	直饮水管道、管件、阀门、仪表	G2	空间位置、长度、公称直径、壁厚、坡度等尺寸信息及定位信息	N2	名称、编号、系统类型、材质、管线类别、压力等级、防腐措施、规格型号、连接方式、数量
			支吊架、支墩	G2	空间位置、长度、宽度、高度等尺寸信息及定位信息	N2	名称、编号、支架类型、材料要求、材料用量、荷载要求、机械性能、支架数量
		雨水管道	雨水管道、附属设施管件、管件、阀门、仪表	G2	空间位置、长度、公称直径、壁厚、坡度等尺寸信息及定位信息	N2	名称、编号、系统类型、材质、管线类别、压力等级、防腐措施、规格型号、连接方式、数量
			支吊架、支墩	G2	空间位置、长度、宽度、高度等尺寸信息及定位信息	N2	名称、编号、支架类型、材料要求、材料用量、荷载要求、机械性能、支架数量
			排污设备、排水设备、附属设施	G2	空间位置、长度、宽度、高度等尺寸信息及定位信息	N2	名称、编号、设备类型、性能参数、规格信息、设备数量、额定功率
		污水管道	污水管道、管件、阀门、仪表	G2	空间位置、长度、公称直径、壁厚、坡度等尺寸信息及定位信息	N2	名称、编号、系统类型、材质、管线类别、压力等级、防腐措施、规格型号、连接方式、数量
			支吊架、支墩	G2	空间位置、长度、宽度、高度等尺寸信息及定位信息	N2	名称、编号、支架类型、材料要求、材料用量、荷载要求、机械性能、支架数量
			排污设备、附属设施	G2	空间位置、长度、宽度、高度等尺寸信息及定位信息	N2	名称、编号、设备类型、性能参数、规格信息、设备数量、额定功率

一级系统	二级系统	三级系统	模型单元	几何信息		属性信息	
				等级	内容	等级	内容
综合管廊工程	入廊管线	热力管道	热力管道、管件、阀门、仪表	G2	空间位置、长度、公称直径、壁厚、坡度等尺寸信息及定位信息	N2	名称、编号、材质、管线类别、压力等级、焊接要求、严密性试验要求、耐久性要求、规格型号、连接方式、材料要求、数量
			支吊架	G2	空间位置、长度、宽度、高度等尺寸信息及定位信息	N2	名称、编号、支架类型、材料要求、材料用量、荷载要求、机械性能、支架数量
		天然气管道	管道、管件、阀门、仪表	G2	空间位置、长度、公称直径、壁厚、坡度等尺寸信息及定位信息	N2	名称、编号、材质、管线类别、压力等级、焊接要求、严密性试验要求、耐久性要求、规格型号、连接方式、材料要求、数量
			支吊架、支墩	G2	空间位置、长度、宽度、高度等尺寸信息及定位信息	N2	名称、编号、支架类型、材料要求、材料用量、荷载要求、机械性能、支架数量
		电力电缆	电力电缆、电力电缆配件、电力电缆桥架、电力电缆桥架配件	G2	安装位置、安装高度、截面尺寸、长度等尺寸信息及定位信息	N2	名称、编号、管线及配件类型、规格型号、材料要求、导电性能、荷载强度、耐久性要求、接地形式、数量
			支吊架	G2	空间位置、长度、宽度、高度等尺寸信息及定位信息	N2	名称、编号、支架类型、材料要求、材料用量、荷载要求、机械性能、支架数量
			变压器、配电箱	G2	长度、宽度、高度等尺寸信息以及定位信息	N2	名称、编号、类型、规格型号、材料要求、能耗级别、额定容量、防护等级、防腐措施、设备容量、计算电流、数量
		通信线缆	线缆配件、线缆桥架、线缆桥架配件	G2	安装位置、标高、长度、宽度、高度等尺寸信息及定位信息	N2	名称、编号、桥架及配件形式、材料要求、材料用量、荷载强度、耐久性要求、接地形式
			支吊架	G2	空间位置、长度、宽度、高度等尺寸信息及定位信息	N2	名称、编号、支架类型、材料要求、材料用量、荷载要求、机械性能、支架数量

A.0.4　综合管廊工程施工阶段的模型单元交付深度应符合表 A.0.4 的规定。

综合管廊工程施工阶段模型单元交付深度　　　　表 A.0.4

一级系统	二级系统	三级系统	模型单元	几何信息		属性信息	
				等级	内容	等级	内容
综合管廊工程	总图	管廊线路平面	平面直线段、平面曲线段	G3	空间位置、起点、终点	N3	名称、里程、曲线要素
		管廊线路纵面	纵面直线段、纵面曲线段	G3	空间位置、高程、起点、终点	N3	名称、里程、曲线要素
	建筑系统	建筑墙	建筑外墙、建筑内墙、配筋	G3	空间位置、标高、长度、宽度、高度、厚度、钢筋直径等尺寸信息及定位信息	N3	名称、编号、材料要求、材料用量、耐火极限、燃烧性能等级、工艺要求及施工信息
		建筑柱	构造柱、配筋	G3	空间位置、标高、长度、宽度、高度、钢筋直径等尺寸信息及定位信息	N3	名称、编号、材料要求、材料用量、耐火极限、燃烧性能等级、工艺要求及施工信息
		建筑梁	圈梁、过梁、配筋	G3	空间位置、标高、长度、宽度、高度、钢筋直径等尺寸信息及定位信息	N3	名称、编号、材料要求、材料用量、耐火极限、燃烧性能等级、工艺要求及施工信息
		门窗	通风百叶、观察窗、普通门、防火门、人防门等	G3	空间位置、安装高度、长度、宽度、高度等尺寸信息及定位信息	N3	名称、编号、类型、规格型号、材料要求、材料用量、防火等级、工艺要求及施工信息
		屋顶	屋顶构造层、檐口、配筋	G3	空间位置、标高、宽度、高度、厚度等尺寸信息及定位信息	N3	名称、编号、屋顶类型、材料要求、材料用量、防水做法、耐火极限、工艺要求及施工信息
		楼板	楼板结构层、配筋	G3	空间位置、标高、长度、宽度、厚度、钢筋直径等尺寸信息及定位信息	N3	名称、编号、材料要求、材料用量、耐火极限、燃烧性能等级、工艺要求及施工信息
		幕墙	嵌板、主要支撑构件、支撑构件配件	G3	空间位置、标高、宽度、高度、厚度等尺寸信息及定位信息	N3	名称、编号、嵌板类型、规格型号、材料要求、材料用量、耐火极限、工艺要求及施工信息
		顶棚	板材、主要支撑构件、支撑构件配件	G3	空间位置、标高、宽度、高度、厚度等尺寸信息及定位信息	N3	名称、编号、板材类型、规格型号、材料要求、材料用量、燃烧性能等级、工艺要求及施工信息
		楼梯	梯段、平台、梁、栏杆、栏板、防滑条、配筋	G3	空间位置、标高、宽度、高度、坡度、钢筋直径等尺寸信息及定位信息	N3	名称、编号、楼梯类型、材料要求、材料用量、耐火等级、耐火性要求、面层做法、工艺要求及施工信息

续表

一级系统	二级系统	三级系统	模型单元	几何信息		属性信息	
				等级	内容	等级	内容
综合管廊工程	建筑系统	爬梯	梯段、平台、踏步、栏杆、栏板、防滑条、扶手	G3	空间位置、标高、宽度、高度、坡度、深度等尺寸信息及定位信息	N3	名称、编号、材料要求、材料用量、耐腐蚀性要求、工艺要求及施工信息
		坡道台阶	基层、面层、栏杆、栏板、防滑条、配筋	G3	空间位置、标高、宽度、高度、坡度、钢筋直径等尺寸信息及定位信息	N3	名称、编号、规格型号、材料要求、材料用量、钢筋等级、钢筋接头形式、工艺要求及施工信息
		栏杆	扶手、栏杆、护栏、主要支撑构件、支撑构件配件	G3	空间位置、长度、宽度、截面形状及对应尺寸、材料厚度及高度等尺寸信息及定位信息	N3	名称、编号、规格型号、材料要求、材料用量、工艺要求及施工信息
		雨篷	基层、面层、板材、主要支撑构件、支撑构件配件	G3	空间位置、标高、长度、宽度、高度、厚度等尺寸信息及定位信息	N3	名称、编号、雨篷类型、板材类型、规格型号、材料要求、材料用量、耐火极限、工艺要求及施工信息
		设备孔洞	孔洞、保护层、预埋件、密封材料	G3	空间位置、长度、宽度、高度、坡度等尺寸信息及定位信息	N3	名称、编号、类型、规格型号、孔洞形状、材料要求、材料用量、工艺要求及施工信息
		预埋件	预埋件	G3	空间位置、长度、宽度、高度等尺寸信息及定位信息	N3	名称、编号、类型、规格型号、材料要求、材料用量、工艺要求及施工信息
	主体结构	标准断面	标准断面结构	G3	桩号范围、标高、断面净宽净高、结构厚度、覆土深度等尺寸信息及定位信息	N3	名称、编号、断面形状、分舱类型、混凝土要求、混凝土用量、钢筋材料要求、钢筋用量、预应力筋材料要求、预应力筋材料用量、张拉方式、张拉要求、接头形式、工艺要求及施工信息
		地基基础	地基桩、承台、锚杆、垫层	G3	空间位置、标高、直径、间距、长度、宽度、厚度等尺寸信息及定位信息	N3	名称、编号、类型、混凝土要求、混凝土用量、注浆材料要求及用量、钢筋用量、承载力、工艺要求及施工信息

续表

一级系统	二级系统	三级系统	模型单元	几何信息		属性信息	
				等级	内容	等级	内容
综合管廊工程	主体结构	混凝土结构	混凝土梁、混凝土板、混凝土柱、混凝土墙、混凝土节点、混凝土牛腿	G3	桩号范围、相对位置、标高、长度、宽度、高度、保护层厚度等尺寸信息及定位信息	N3	名称、编号、类型、混凝土材料要求、混凝土用量、钢筋材料要求、钢筋用量、耐火等级、耐久性要求、工艺要求及施工信息
			孔洞	G3	空间位置、长度、宽度、高度等尺寸信息及定位信息	N3	名称、编号、孔洞形状、材料要求、材料用量、孔洞数量、工艺要求及施工信息
			预埋件	G3	桩号范围、相对位置、标高、长度、宽度、高度等尺寸信息及定位信息	N3	名称、编号、规格型号、材料要求、材料用量、预埋件数量、工艺要求及施工信息
		变形缝、施工缝	止水带、止水钢板、填充物、密封材料、盖缝板	G3	桩号范围、相对位置、长度、宽度、高度、填充物尺寸、盖缝板尺寸、其他构件尺寸等尺寸信息及定位信息	N3	名称、编号、变形缝或施工缝的类型、填料要求、填料用量、其他构件材料要求及用量、工艺要求及施工信息
		围护结构	支护桩、支撑、围檩	G3	空间位置、标高、直径、间距、长度、宽度、厚度等尺寸信息及定位信息	N3	名称、编号、类型、混凝土要求、混凝土用量、注浆材料要求及用量、钢筋要求、钢筋用量、钢材要求、钢材用量、工艺要求及施工信息
	附属结构	支墩支架	支墩、支架、吊架	G3	空间位置、长度、宽度、高度等尺寸信息及定位信息	N3	名称、编号、支墩支架类型、材料要求、材料用量、荷载要求、机械性能、支墩支架数量、工艺要求及施工信息
	暖通空调	通风系统	设备	G3	空间位置、长度、宽度、高度等尺寸信息及定位信息	N3	名称、编号、设备类型、风量、风压、设备尺寸、效率、噪声、额定功率、工艺要求及施工信息
			风管、风管管件、风管附件	G3	空间位置、长度、外径、内径、壁厚等尺寸信息及定位信息	N3	名称、编号、系统类型、材质、材料用量、压力等级、防护措施、连接方式、管件数量、工艺要求及施工信息
			支架、吊架	G3	长度、宽度、高度等尺寸信息及定位信息	N3	名称、编号、支架类型、材料要求、材料用量、荷载要求、机械性能以及支架数量、安装技术要求及施工信息

一级系统	二级系统	三级系统	模型单元	几何信息		属性信息	
				等级	内容	等级	内容
综合管廊工程	暖通空调	空气调节系统	设备	G3	空间位置、长度、宽度、高度等尺寸信息及定位信息	N3	名称、编号、设备类型、性能参数、规格信息、设备数量、额定功率、工艺要求及施工信息
			水管、水管管件、水管附件、冷媒管、冷媒管附件	G3	空间位置、公称直径、壁厚等尺寸信息及定位信息	N3	名称、编号、类型、材质要求、材料用量、管线类别、压力等级、流量、流速、密封要求、防护措施、连接方式、管件数量、工艺要求及施工信息
			保温层	G3	空间位置、标高、宽度、高度、厚度等尺寸信息及定位信息	N3	名称、编号、保温层材料要求、材料用量、耐火等级、工艺要求及施工信息
	供配电系统	配变电所机房要求	配变电所布置	G3	桩号范围、相对位置、长度、宽度、高度等尺寸信息及定位信息	N3	名称、编号、配变电所包括功能房间、防雷接地要求、安装技术要求及施工信息
		高压供配电系统	高压开关柜	G3	长度、宽度、高度等尺寸信息及定位信息	N3	名称、编号、开关柜类型、材料要求、开关柜数量、安装技术要求及施工信息
			直流屏	G3	长度、宽度、高度等尺寸信息及定位信息	N3	名称、编号、直流屏类型、材料要求、电池容量、直流屏数量、安装技术要求及施工信息
			变压器、箱式变电站	G3	长度、宽度、高度等尺寸信息及定位信息	N3	名称、编号、类型、材料要求、能耗级别、额定容量、防护等级、防腐措施、数量、安装技术要求及施工信息
		低压供配电系统	低压开关柜、电容补偿柜、低压配电箱、现场控制箱、维修插座箱、按钮箱	G3	宽度、高度、深度等尺寸信息及定位信息	N3	名称、编号、设备类型、材料要求、设备容量、设备数量、安装技术要求及施工信息
		自备应急电源系统	应急电源（EPS）、不间断电源（UPS）、柴油发电机组	G3	长度、宽度、高度等尺寸信息及定位信息	N3	名称、编号、发电机类型、输入参数、输出参数、容量、电源数量、功率类型、功率要求、安装技术要求及施工信息

续表

一级系统	二级系统	三级系统	模型单元	几何信息		属性信息	
				等级	内容	等级	内容
综合管廊工程	供配电系统	供配电系统线路及线路敷设	桥架、桥架配件	G3	安装位置、标高、长度、宽度、高度等尺寸信息及定位信息	N3	名称、编号、桥架及配件形式、材料要求、材料用量、荷载强度、耐久性要求、接地形式、安装技术要求及施工信息
			线管、线槽、母线、母线槽、线缆	G3	安装位置、安装高度、截面尺寸、长度等尺寸信息及定位信息	N3	名称、编号、管线及配件类型、规格型号、材料要求、数量、安装技术要求及施工信息
			支架、吊架	G3	长度、宽度、高度等尺寸信息及定位信息	N3	名称、编号、支架类型、材料要求、材料用量、荷载要求、机械性能、支架数量、安装技术要求及施工信息
	照明系统	电气照明系统	室内照明灯、室外照明灯	G3	安装间距、安装高度、长度、宽度、高度等尺寸信息及定位信息	N3	名称、编号、灯具类型、照明类型、规格型号、光源类型、材料要求、使用寿命、灯具数量、额定功率、安装技术要求及施工信息
		应急照明、疏散指示系统	应急照明灯、疏散指示灯	G3	安装间距、安装高度、长度、宽度、高度等尺寸信息及定位信息	N3	名称、编号、灯具类型、照明类型、规格型号、光源类型、灯具数量、额定功率、安装技术要求及施工信息
		照明配电系统	照明配电箱	G3	长度、宽度、高度等尺寸信息及定位信息	N3	名称、编号、规格型号、材料要求、设备容量、配电箱数量、安装技术要求及施工信息
			开关、插座	G3	长度、宽度、高度等尺寸信息及定位信息	N3	名称、编号、类型、规格型号、额定电压、额定电流、开关数量、安装技术要求及施工信息
	防雷与接地系统	防雷与接地系统	防雷、接地	G3	长度、宽度、高度等尺寸信息及定位信息	N3	名称、编号、防雷及接地类型、材料要求、材料用量、焊接要求、防腐措施、接地电阻大小、安装技术要求及施工信息
		安全防护	等电位箱	G2	长度、宽度、高度等尺寸信息及定位信息	N3	名称、编号、电箱类型、规格型号、材料要求、电箱数量、安装技术要求及施工信息
	环境与设备监控系统	PLC及上位机	PLC柜、监控操作站、操作台	G3	长度、宽度、高度等尺寸信息及定位信息	N3	名称、编号、机柜类型、规格型号、材料要求、安装技术要求及施工信息

续表

一级系统	二级系统	三级系统	模型单元	几何信息		属性信息	
				等级	内容	等级	内容
综合管廊工程	环境与设备监控系统	仪表系统	仪表箱、仪表	G3	长度、宽度、高度等尺寸信息及定位信息	N3	名称、编号、仪表箱类型、规格型号、材料要求、安装技术要求及施工信息
	信息设施系统	信息设施系统	网络机柜、配线架、信息插座	G3	长度、宽度、高度等尺寸信息及定位信息	N3	名称、编号、类型、规格型号、数量、安装技术要求及施工信息
	公共安全系统	视频监控	视频监控控制柜、摄像机	G3	长度、宽度、高度等尺寸信息及定位信息	N3	名称、编号、类型、规格型号、数量、镜头要求、照度要求、安装技术要求及施工信息
		安全防范系统	报警装置、探测器	G3	长度、宽度、高度等尺寸信息及定位信息	N4	名称、编号、类型、规格型号、数量、安装技术要求及施工信息
		门禁系统	出门按钮、磁力锁、读卡器	G3	长度、宽度、高度等尺寸信息及定位信息	N3	名称、编号、类型、规格型号、数量、安装技术要求及施工信息
	消防报警系统	消防报警系统	控制器、探测设备、报警设备、输出模块、消防电话、应急广播、应急照明、疏散指示、消防电源监控、防火门监控	G3	安装位置、长度、宽度、高度等尺寸信息及定位信息	N3	名称、编号、设备类型、规格型号、材料要求、设备数量、安装技术要求及施工信息
	机房工程	功能中心工程	控制柜	G3	长度、宽度、高度等尺寸信息及定位信息	N3	名称、编号、设备类型、规格型号、材料要求、控制柜数量、安装技术要求及施工信息
			操作员站、专用席位、操作台	G3	长度、宽度、高度等尺寸信息及定位信息	N3	名称、编号、类型、规格型号、材料要求、安装技术要求及施工信息
			显示器、打印机、大屏	G3	长度、宽度、厚度等尺寸信息及定位信息	N3	名称、编号、大屏类型、规格型号、分辨率、对比度、亮度、材料要求、额定功率、安装技术要求及施工信息
		UPS及配电	UPS、电源柜	G3	相对位置、宽度、高度、深度等尺寸信息及定位信息	N3	名称、编号、电压要求、电源柜类型、规格型号、材料要求、设备容量、数量、安装技术要求及施工信息
	电话通信系统	电话通信系统	电话机	G3	安装位置、长度、宽度、高度等尺寸信息及定位信息	N3	名称、编号、电话机类型、规格型号、电话机数量、安装技术要求及施工信息

续表

一级系统	二级系统	三级系统	模型单元	几何信息		属性信息	
				等级	内容	等级	内容
综合管廊工程	智能化系统	智能化系统线路及敷设	桥架、桥架配件	G3	相对位置、标高、长度、宽度、高度等尺寸信息及定位信息	N3	名称、编号、桥架形式、桥架材料要求、材料用量、荷载强度、配件类型、配件材料要求、配件数量、耐久性要求、接地形式、安装技术要求及施工信息
			支架、吊架	G3	长度、宽度、高度等尺寸信息及定位信息	N3	名称、编号、支架类型、材料要求、材料用量、荷载要求、机械性能、支架数量、安装技术要求及施工信息
			线缆、线管	G3	安装位置、安装高度、截面尺寸、长度等尺寸信息以及定位信息	N3	名称、编号、管线类型、材料要求、材料用量、规格型号、配件类型、配件数量、安装技术要求及施工信息
	排水系统	排水系统	潜水泵	G3	空间位置、长度、宽度、高度、接口管径等尺寸信息以及定位信息	N3	名称、编号、水泵类型、连接方式、材料要求、流量、扬程、数量、额定功率、工艺要求及施工信息
			管道、管件、管路附件	G3	空间位置、长度、公称直径、壁厚、坡度等尺寸信息及定位信息	N3	名称、编号、系统类型、材质、管线类别、压力等级、防腐措施、规格型号、连接方式、数量、工艺要求及施工信息
			集水坑、排水沟、盖板	G3	空间位置、长度、宽度、高度、接口管径等尺寸信息以及定位信息	N3	名称、编号、混凝土要求、混凝土用量、盖板材质、盖板数量、工艺要求及施工信息
	消防系统	干粉自动灭火系统	超细干粉自动灭火装置	G3	空间位置、高度、管径等尺寸信息以及定位信息	N3	名称、编号、装置类型、规格型号、喷头类型、充装量、启动方式及数量、安装技术要求及施工信息
		细水喷雾自动灭火系统	消防泵	G3	空间位置、长度、宽度、高度、接口管径等尺寸信息以及定位信息	N3	名称、编号、水泵类型、连接方式、材料要求、流量、扬程、数量、额定功率、工艺要求及施工信息
			管道、管件、管路附件	G3	空间位置、长度、公称直径、壁厚、坡度等尺寸信息及定位信息	N3	名称、编号、系统类型、材质、管线类别、压力等级、防腐措施、规格型号、连接方式、数量、工艺要求及施工信息
		手动灭火系统	干粉灭火器	G3	空间位置、高度、直径等尺寸信息以及定位信息	N3	名称、编号、灭火器类型、规格型号、安装技术要求及施工信息

一级系统	二级系统	三级系统	模型单元	几何信息		属性信息	
				等级	内容	等级	内容
综合管廊工程	支吊架系统	支吊架	成品支架、焊接支架、成品吊架、焊接吊架	G3	空间位置、长度、宽度、高度等尺寸信息及定位信息	N3	名称、编号、支架类型、材料要求、荷载大小、工艺要求及施工信息
	标识系统	标识系统	管廊介绍标识、警示标识、附属设施标识、里程标识、导向标识	G3	空间位置、宽度、高度、厚度等尺寸信息以及定位信息	N3	名称、编号、标识类型、材料要求、标识数量、固定方式、标志内容、工艺要求及施工信息
	入廊管线	给水、再生水管道	给水、再生水管道、管件、阀门、仪表	G3	空间位置、长度、公称直径、壁厚、坡度等尺寸信息及定位信息	N3	名称、编号、系统类型、材质、管线类别、压力等级、防腐措施、规格型号、连接方式、数量、工艺要求及施工信息
			支吊架、支墩	G3	空间位置、长度、宽度、高度等尺寸信息及定位信息	N3	名称、编号、支架类型、材料要求、材料用量、荷载要求、机械性能、支架数量、安装技术要求及施工信息
		直饮水管道	直饮水管道、管件、阀门、仪表	G3	空间位置、长度、公称直径、壁厚、坡度等尺寸信息及定位信息	N3	名称、编号、系统类型、材质、管线类别、压力等级、防腐措施、规格型号、连接方式、数量、工艺要求及施工信息
			支吊架、支墩	G3	空间位置、长度、宽度、高度等尺寸信息及定位信息	N3	名称、编号、支架类型、材料要求、材料用量、荷载要求、机械性能、支架数量、安装技术要求及施工信息
		雨水管道	雨水管道、附属设施管件、管件、阀门、仪表	G3	空间位置、长度、公称直径、壁厚、坡度等尺寸信息及定位信息	N3	名称、编号、系统类型、材质、管线类别、压力等级、防腐措施、规格型号、连接方式、数量、工艺要求及施工信息
			支吊架、支墩	G3	空间位置、长度、宽度、高度等尺寸信息及定位信息	N3	名称、编号、支架类型、材料要求、材料用量、荷载要求、机械性能、支架数量、安装技术要求及施工信息
			排污设备、排水设备、附属设施	G3	空间位置、长度、宽度、高度等尺寸信息及定位信息	N3	名称、编号、设备类型、性能参数、规格信息、设备数量、额定功率、工艺要求及施工信息

续表

一级系统	二级系统	三级系统	模型单元	几何信息		属性信息	
				等级	内容	等级	内容
综合管廊工程	入廊管线	污水管道	污水管道、管件、阀门、仪表	G3	空间位置、长度、公称直径、壁厚、坡度等尺寸信息及定位信息	N3	名称、编号、系统类型、材质、管线类别、压力等级、防腐措施、规格型号、连接方式、数量、工艺要求及施工信息
			支吊架、支墩	G3	空间位置、长度、宽度、高度等尺寸信息及定位信息	N3	名称、编号、支架类型、材料要求、材料用量、荷载要求、机械性能、支架数量、安装技术要求及施工信息
			排污设备、附属设施	G3	空间位置、长度、宽度、高度等尺寸信息及定位信息	N3	名称、编号、设备类型、性能参数、规格信息、设备数量、额定功率、工艺要求及施工信息
		热力管道	热力管道、管件、阀门、仪表	G3	空间位置、长度、公称直径、壁厚、坡度等尺寸信息及定位信息	N3	名称、编号、材质、管线类别、压力等级、焊接要求、严密性试验要求、耐久性要求、规格型号、连接方式、材料要求、数量、工艺要求及施工信息
			支吊架	G3	空间位置、长度、宽度、高度等尺寸信息及定位信息	N3	名称、编号、支架类型、材料要求、材料用量、荷载要求、机械性能、支架数量、安装技术要求及施工信息
		天然气管道	管道、管件、阀门、仪表	G3	空间位置、长度、公称直径、壁厚、坡度等尺寸信息及定位信息	N3	名称、编号、材质、管线类别、压力等级、焊接要求、严密性试验要求、耐久性要求、规格型号、连接方式、材料要求、数量、工艺要求及施工信息
			支吊架、支墩	G3	空间位置、长度、宽度、高度等尺寸信息及定位信息	N3	名称、编号、支架类型、材料要求、材料用量、荷载要求、机械性能、支架数量、安装技术要求及施工信息

续表

一级系统	二级系统	三级系统	模型单元	几何信息		属性信息	
				等级	内容	等级	内容
综合管廊工程	入廊管线	电力电缆	电力电缆、电力电缆配件、电力电缆桥架、电力电缆桥架配件	G3	安装位置、安装高度、截面尺寸、长度等尺寸信息以及定位信息	N3	名称、编号、管线及配件类型、规格型号、材料要求、导电性能、荷载强度、耐久性要求、接地形式、数量、安装技术要求及施工信息
			支吊架	G3	空间位置、长度、宽度、高度等尺寸信息及定位信息	N3	名称、编号、支架类型、材料要求、材料用量、荷载要求、机械性能、支架数量、安装技术要求及施工信息
			变压器、配电箱	G3	长度、宽度、高度等尺寸信息以及定位信息	N3	名称、编号、类型、规格型号、材料要求、能耗级别、额定容量、防护等级、防腐措施、设备容量、计算电流、数量、安装技术要求及施工信息
		通信线缆	线缆配件、线缆桥架、线缆桥架配件	G3	安装位置、标高、长度、宽度、高度等尺寸信息及定位信息	N3	名称、编号、桥架及配件形式、材料要求、材料用量、荷载强度、耐久性要求、接地形式、安装技术要求及施工信息
			支吊架	G3	空间位置、长度、宽度、高度等尺寸信息及定位信息	N3	名称、编号、支架类型、材料要求、材料用量、荷载要求、机械性能、支架数量、安装技术要求及施工信息

A.0.5 综合管廊工程运维阶段的模型单元交付深度应符合表 A.0.5 的规定。

综合管廊工程运维阶段模型单元交付深度 表 A.0.5

一级系统	二级系统	三级系统	模型单元	几何信息		属性信息	
				等级	内容	等级	内容
综合管廊工程	总图	管廊线路平面	平面直线段、平面曲线段	G3	空间位置、起点、终点	N4	名称、里程、曲线要素
		管廊线路纵面	纵面直线段、纵面曲线段	G3	空间位置、高程、起点、终点	N4	名称、里程、曲线要素

续表

一级系统	二级系统	三级系统	模型单元	几何信息		属性信息	
				等级	内容	等级	内容
综合管廊工程	建筑系统	建筑墙	建筑外墙、建筑内墙、配筋	G3	空间位置、标高、长度、宽度、高度、厚度、钢筋直径等尺寸信息及定位信息	N4	名称、编号、材料要求、材料用量、耐火极限、燃烧性能等级、工艺要求、施工信息、运维管理信息、维护保养信息以及文档存放信息
		建筑柱	构造柱、配筋	G3	空间位置、标高、长度、宽度、高度、钢筋直径等尺寸信息及定位信息	N4	名称、编号、材料要求、材料用量、耐火极限、燃烧性能等级、工艺要求、施工信息、运维管理信息、维护保养信息以及文档存放信息
		建筑梁	圈梁、过梁、配筋	G3	空间位置、标高、长度、宽度、高度、钢筋直径等尺寸信息及定位信息	N4	名称、编号、材料要求、材料用量、耐火极限、燃烧性能等级、工艺要求、施工信息、运维管理信息、维护保养信息以及文档存放信息
		门窗	通风百叶、观察窗、普通门、防火门、人防门等	G3	空间位置、安装高度、长度、宽度、高度等尺寸信息及定位信息	N4	名称、编号、类型、规格型号、材料要求、材料用量、防火等级、工艺要求、施工信息、运维管理信息、维护保养信息以及文档存放信息
		屋顶	屋顶构造层、檐口、配筋	G3	空间位置、标高、宽度、高度、厚度等尺寸信息及定位信息	N4	名称、编号、屋顶类型、材料要求、材料用量、防水做法、耐火极限、工艺要求、施工信息、运维管理信息、维护保养信息以及文档存放信息
		楼板	楼板结构层、配筋	G3	空间位置、标高、长度、宽度、厚度、钢筋直径等尺寸信息及定位信息	N4	名称、编号、材料要求、材料用量、耐火极限、燃烧性能等级、工艺要求、施工信息、运维管理信息、维护保养信息以及文档存放信息
		幕墙	嵌板、主要支撑构件、支撑构件配件	G3	空间位置、标高、宽度、高度、厚度等尺寸信息及定位信息	N4	名称、编号、嵌板类型、规格型号、材料要求、材料用量、耐火极限、工艺要求、施工信息、运维管理信息、维护保养信息以及文档存放信息
		顶棚	板材、主要支撑构件、支撑构件配件	G3	空间位置、标高、宽度、高度、厚度等尺寸信息及定位信息	N4	名称、编号、板材类型、规格型号、材料要求、材料用量、燃烧性能等级、工艺要求、施工信息、运维管理信息、维护保养信息以及文档存放信息
		楼梯	梯段、平台、梁、栏杆、栏板、防滑条、配筋	G3	空间位置、标高、宽度、高度、坡度、钢筋直径等尺寸信息及定位信息	N4	名称、编号、楼梯类型、材料要求、材料用量、耐火等级、耐火性要求、面层做法、工艺要求、施工信息、运维管理信息、维护保养信息以及文档存放信息

续表

一级系统	二级系统	三级系统	模型单元	几何信息		属性信息	
				等级	内容	等级	内容
综合管廊工程	建筑系统	爬梯	梯段、平台、踏步、栏杆、栏板、防滑条、扶手	G3	空间位置、标高、宽度、高度、坡度、深度等尺寸信息及定位信息	N4	名称、编号、材料要求、材料用量、耐腐蚀性要求、工艺要求、施工信息、运维管理信息、维护保养信息以及文档存放信息
		坡道台阶	基层、面层、栏杆、栏板、防滑条、配筋	G3	空间位置、标高、宽度、高度、坡度、钢筋直径等尺寸信息及定位信息	N4	名称、编号、规格型号、材料要求、材料用量、钢筋等级、钢筋接头形式、工艺要求、施工信息、运维管理信息、维护保养信息以及文档存放信息
		栏杆	扶手、栏杆、护栏、主要支撑构件、支撑构件配件	G3	空间位置、长度、宽度、截面形状及对应尺寸、材料厚度、高度等尺寸信息及定位信息	N4	名称、编号、规格型号、材料要求、材料用量、工艺要求、施工信息、运维管理信息、维护保养信息以及文档存放信息
		雨篷	基层、面层、板材、主要支撑构件、支撑构件配件	G3	空间位置、标高、长度、宽度、高度、厚度等尺寸信息及定位信息	N4	名称、编号、雨篷类型、板材类型、规格型号、材料要求、材料用量、耐火极限、工艺要求、施工信息、运维管理信息、维护保养信息以及文档存放信息
		设备孔洞	孔洞、保护层、预埋件、密封材料	G3	空间位置、长度、宽度、高度、坡度等尺寸信息及定位信息	N4	名称、编号、类型、规格型号、孔洞形状、材料要求、材料用量、工艺要求、施工信息、运维管理信息、维护保养信息以及文档存放信息
		预埋件	预埋件	G3	空间位置、长度、宽度、高度等尺寸信息及定位信息	N4	名称、编号、类型、规格型号、材料要求、材料用量、工艺要求、施工信息、运维管理信息、维护保养信息以及文档存放信息
	主体结构	标准断面	标准断面结构	G3	桩号范围、标高、断面净宽净高、结构厚度、覆土深度等尺寸信息及定位信息	N4	名称、编号、断面形状、分舱类型、混凝土要求、混凝土用量、钢筋材料要求、钢筋用量、预应力筋材料要求、预应力筋材料用量、张拉方式、张拉要求、接头形式、工艺要求、施工信息、运维管理信息、维护保养信息以及文档存放信息
		地基基础	地基桩、承台、锚杆、垫层	G3	空间位置、标高、直径、间距、长度、宽度、厚度等尺寸信息及定位信息	N4	名称、编号、类型、混凝土要求、混凝土用量、注浆材料要求及用量、钢筋材料要求、钢筋用量、承载力、工艺要求、施工信息、运维管理信息、维护保养信息以及文档存放信息

续表

一级系统	二级系统	三级系统	模型单元	几何信息		属性信息	
				等级	内容	等级	内容
综合管廊工程	主体结构	混凝土结构	混凝土梁、混凝土板、混凝土柱、混凝土墙、混凝土节点、混凝土牛腿	G3	桩号范围、相对位置、标高、长度、宽度、高度、保护层厚度等尺寸信息及定位信息	N4	名称、编号、类型、混凝土材料要求、混凝土用量、钢筋材料要求、钢筋用量、耐火等级、耐久性要求、工艺要求、施工信息、运维管理信息、维护保养信息以及文档存放信息
			孔洞	G3	空间位置、长度、宽度、高度等尺寸信息及定位信息	N4	名称、编号、孔洞形状、材料要求、材料用量、孔洞数量、工艺要求、施工信息、运维管理信息、维护保养信息以及文档存放信息
			预埋件	G3	桩号范围、相对位置、标高、长度、宽度、高度等尺寸信息及定位信息	N4	名称、编号、规格型号、材料要求、材料用量、预埋件数量、工艺要求、施工信息、运维管理信息、维护保养信息以及文档存放信息
		变形缝、施工缝	止水带、止水钢板、填充物、密封材料、盖缝板	G3	桩号范围、相对位置、长度、宽度、高度、填充物尺寸、盖缝板尺寸、其他构件尺寸等尺寸信息及定位信息	N4	名称、编号、变形缝或施工缝类型、填料要求、填料用量、其他构件材料要求及用量、工艺要求、施工信息、运维管理信息、维护保养信息以及文档存放信息
	附属结构	支墩支架	支墩、支架、吊架	G3	空间位置、长度、宽度、高度等尺寸信息及定位信息	N4	名称、编号、支墩支架类型、材料要求、材料用量、荷载要求、机械性能、支墩支架数量、工艺要求、施工信息、运维管理信息、维护保养信息以及文档存放信息
	暖通空调	通风系统	设备	G3	空间位置、长度、宽度、高度等尺寸信息及定位信息	N4	名称、编号、设备类型、风量、风压、设备尺寸、效率、噪声、额定功率、工艺要求、施工信息、运维管理信息、维护保养信息以及文档存放信息
			风管、风管管件、风管附件	G3	空间位置、长度、外径、内径、壁厚等尺寸信息及定位信息	N4	名称、编号、系统类型、材质、材料用量、压力等级、防护措施、连接方式、管件数量、工艺要求、施工信息、运维管理信息、维护保养信息以及文档存放信息
			支架、吊架	G3	长度、宽度、高度等尺寸信息及定位信息	N4	名称、编号、支架类型、材料要求、材料用量、荷载要求、机械性能以及支架数量、安装技术要求、施工信息、运维管理信息、维护保养信息以及文档存放信息

一级系统	二级系统	三级系统	模型单元	几何信息		属性信息	
				等级	内容	等级	内容
综合管廊工程	暖通空调	空气调节系统	设备	G3	空间位置、长度、宽度、高度等尺寸信息及定位信息	N4	名称、编号、设备类型、性能参数、规格信息、设备数量、额定功率、工艺要求、施工信息、运维管理信息、维护保养信息以及文档存放信息
			水管、水管管件、水管附件、冷媒管、冷媒管附件	G3	空间位置、公称直径、壁厚等尺寸信息及定位信息	N4	名称、编号、类型、材质要求、材料用量、管线类别、压力等级、流量、流速、密封要求、防护措施、连接方式、管件数量、工艺要求、施工信息、运维管理信息、维护保养信息以及文档存放信息
			保温层	G3	空间位置、标高、宽度、高度、厚度等尺寸信息及定位信息	N4	名称、编号、保温层材料要求、材料用量、耐火等级、工艺要求、施工信息、运维管理信息、维护保养信息以及文档存放信息
	供配电系统	配变电所机房要求	配变电所布置	G3	桩号范围、相对位置、长度、宽度、高度等尺寸信息以及定位信息	N4	名称、编号、配变电所包括功能房间、防雷接地要求、安装技术要求、施工信息、运维管理信息、维护保养信息以及文档存放信息
		高压供配电系统	高压开关柜	G3	长度、宽度、高度等尺寸信息以及定位信息	N4	名称、编号、开关柜类型、材料要求、开关柜数量、安装技术要求、施工信息、运维管理信息、维护保养信息以及文档存放信息
			直流屏	G3	长度、宽度、高度等尺寸信息以及定位信息	N4	名称、编号、直流屏类型、材料要求、电池容量、直流屏数量、安装技术要求、施工信息、运维管理信息、维护保养信息以及文档存放信息
			变压器、箱式变电站	G3	长度、宽度、高度等尺寸信息以及定位信息	N4	名称、编号、类型、材料要求、能耗级别、额定容量、防护等级、防腐措施、数量、安装技术要求、施工信息、运维管理信息、维护保养信息以及文档存放信息
		低压供配电系统	低压开关柜、电容补偿柜、低压配电箱、现场控制箱、维修插座箱、按钮箱	G3	宽度、高度、深度等尺寸信息以及定位信息	N4	名称、编号、设备类型、材料要求、设备容量、设备数量、安装技术要求、施工信息、运维管理信息、维护保养信息以及文档存放信息

续表

一级系统	二级系统	三级系统	模型单元	几何信息		属性信息	
				等级	内容	等级	内容
综合管廊工程	供配电系统	自备应急电源系统	应急电源（EPS）、不间断电源（UPS）、柴油发电机组	G3	长度、宽度、高度等尺寸信息以及定位信息	N4	名称、编号、发电机类型、输入参数、输出参数、容量、电源数量、功率类型、功率要求、安装技术要求、施工信息、运维管理信息、维护保养信息以及文档存放信息
		供配电系统线路及线路敷设	桥架、桥架配件	G3	安装位置、标高、长度、宽度、高度等尺寸信息及定位信息	N4	名称、编号、桥架及配件形式、材料要求、材料用量、荷载强度、耐久性要求、接地形式、安装技术要求、施工信息、运维管理信息、维护保养信息以及文档存放信息
			线管、线槽、母线、母线槽、线缆	G3	安装位置、安装高度、截面尺寸、长度等尺寸信息以及定位信息	N4	名称、编号、管线及配件类型、规格型号、材料要求、数量、安装技术要求、施工信息、运维管理信息、维护保养信息以及文档存放信息等
			支架、吊架	G3	长度、宽度、高度等尺寸信息及定位信息	N4	名称、编号、支架类型、材料要求、材料用量、荷载要求、机械性能以及支架数量、安装技术要求、施工信息、运维管理信息、维护保养信息以及文档存放信息
	照明系统	电气照明系统	室内照明灯、室外照明灯	G3	安装间距、安装高度、长度、宽度、高度等尺寸信息及定位信息	N4	名称、编号、灯具类型、照明类型、规格型号、光源类型、材料要求、使用寿命、灯具数量、额定功率、安装技术要求、施工信息、运维管理信息、维护保养信息以及文档存放信息
		应急照明、疏散指示系统	应急照明灯、疏散指示灯	G3	安装间距、安装高度、长度、宽度、高度等尺寸信息及定位信息	N4	名称、编号、灯具类型、照明类型、规格型号、光源类型、灯具数量、额定功率、安装技术要求、施工信息、运维管理信息、维护保养信息以及文档存放信息
		照明配电系统	照明配电箱	G3	长度、宽度、高度等尺寸信息及定位信息	N4	名称、编号、规格型号、材料要求、设备容量、配电箱数量、安装技术要求、施工信息、运维管理信息、维护保养信息以及文档存放信息
			开关、插座	G3	长度、宽度、高度等尺寸信息及定位信息	N4	名称、编号、类型、规格型号、额定电压、额定电流、开关数量、安装技术要求、施工信息、运维管理信息、维护保养信息以及文档存放信息

一级系统	二级系统	三级系统	模型单元	几何信息		属性信息	
				等级	内容	等级	内容
综合管廊工程	防雷与接地系统	防雷与接地系统	防雷、接地	G3	长度、宽度、高度等尺寸信息及定位信息	N4	名称、编号、防雷及接地类型、材料要求、材料用量、焊接要求、防腐措施、接地电阻大小、安装技术要求、施工信息、运维管理信息、维护保养信息以及文档存放信息
		安全防护	等电位箱	G3	长度、宽度、高度等尺寸信息及定位信息	N4	名称、编号、电箱类型、规格型号、材料要求、电箱数量、安装技术要求、施工信息、运维管理信息、维护保养信息以及文档存放信息
	环境与设备监控系统	PLC及上位机	PLC柜、监控操作站、操作台	G3	长度、宽度、高度等尺寸信息及定位信息	N4	名称、编号、机柜类型、规格型号、材料要求、安装技术要求、施工信息、运维管理信息、维护保养信息以及文档存放信息
		仪表系统	仪表箱、仪表	G3	长度、宽度、高度等尺寸信息及定位信息	N4	名称、编号、仪表箱类型、规格型号、材料要求、安装技术要求、施工信息、运维管理信息、维护保养信息以及文档存放信息
	信息设施系统	信息设施系统	网络机柜、配线架、信息插座	G3	长度、宽度、高度等尺寸信息及定位信息	N4	名称、编号、类型、规格型号、数量、安装技术要求、施工信息、运维管理信息、维护保养信息以及文档存放信息
	公共安全系统	视频监控	视频监控控制柜、摄像机	G3	长度、宽度、高度等尺寸信息及定位信息	N4	名称、编号、类型、规格型号、数量、镜头要求、照度要求、安装技术要求、施工信息、运维管理信息、维护保养信息以及文档存放信息
		安全防范系统	报警装置、探测器	G3	长度、宽度、高度等尺寸信息及定位信息	N4	名称、编号、类型、规格型号、数量、安装技术要求、施工信息、运维管理信息、维护保养信息以及文档存放信息
		门禁系统	出门按钮、磁力锁、读卡器	G3	长度、宽度、高度等尺寸信息及定位信息	N4	名称、编号、类型、规格型号、数量、安装技术要求、施工信息、运维管理信息、维护保养信息以及文档存放信息
	消防报警系统	消防报警系统	控制器、探测设备、报警设备、输出模块、消防电话、应急广播、应急照明、疏散指示、消防电源监控、防火门监控	G3	安装位置、长度、宽度、高度等尺寸信息及定位信息	N4	名称、编号、设备类型、规格型号、材料要求、设备数量、安装技术要求、施工信息、运维管理信息、维护保养信息以及文档存放信息

续表

一级系统	二级系统	三级系统	模型单元	几何信息		属性信息	
				等级	内容	等级	内容
综合管廊工程	机房工程	功能中心工程	控制柜	G3	长度、宽度、高度等尺寸信息以及定位信息	N4	名称、编号、设备类型、规格型号、材料要求、控制柜数量、安装技术要求、施工信息、运维管理信息、维护保养信息以及文档存放信息
			操作员站、专用席位、操作台	G3	长度、宽度、高度等尺寸信息以及定位信息	N4	名称、编号、类型、规格型号、材料要求、安装技术要求、施工信息、运维管理信息、维护保养信息以及文档存放信息
			显示器、打印机、大屏	G3	长度、宽度、厚度等尺寸信息以及定位信息	N4	名称、编号、大屏类型、规格型号、分辨率、对比度、亮度、材料要求、额定功率、安装技术要求、施工信息、运维管理信息、维护保养信息以及文档存放信息
		UPS及配电	UPS、电源柜	G3	相对位置、宽度、高度、深度等尺寸信息以及定位信息	N4	名称、编号、电压要求、电源柜类型、规格型号、材料要求、设备容量、数量、安装技术要求、施工信息、运维管理信息、维护保养信息以及文档存放信息
	电话通信系统	电话通信系统	电话机	G3	安装位置、长度、宽度、高度等尺寸信息及定位信息	N4	名称、编号、电话机类型、规格型号、电话机数量、安装技术要求、施工信息、运维管理信息、维护保养信息以及文档存放信息
	智能化系统	智能化系统线路及敷设	桥架、桥架配件	G3	相对位置、标高、长度、宽度、高度等尺寸信息及定位信息	N4	名称、编号、桥架形式、桥架材料要求、材料用量、荷载强度、配件类型、配件材料要求、配件数量、耐久性要求、接地形式、安装技术要求、施工信息、运维管理信息、维护保养信息以及文档存放信息
			支架、吊架	G3	长度、宽度、高度等尺寸信息及定位信息	N4	名称、编号、支架类型、材料要求、材料用量、荷载要求、机械性能、支架数量、安装技术要求、施工信息、运维管理信息、维护保养信息以及文档存放信息
			线缆、线管	G3	安装位置、安装高度、截面尺寸、长度等尺寸信息以及定位信息	N4	名称、编号、管线类型、材料要求、材料用量、规格型号、配件类型、配件数量、安装技术要求、施工信息、运维管理信息、维护保养信息以及文档存放信息

续表

一级系统	二级系统	三级系统	模型单元	几何信息		属性信息	
				等级	内容	等级	内容
综合管廊工程	排水系统	排水系统	潜水泵	G3	空间位置、长度、宽度、高度、接口管径等尺寸信息以及定位信息	N4	名称、编号、水泵类型、连接方式、材料要求、流量、扬程、数量、额定功率、工艺要求、施工信息、运维管理信息、维护保养信息以及文档存放信息
			管道、管件、管路附件	G3	空间位置、长度、公称直径、壁厚、坡度等尺寸信息及定位信息	N4	名称、编号、系统类型、材质、管线类别、压力等级、防腐措施、规格型号、连接方式、数量、工艺要求、施工信息、运维管理信息、维护保养信息以及文档存放信息
			集水坑、排水沟、盖板	G3	空间位置、长度、宽度、高度、接口管径等尺寸信息以及定位信息	N4	名称、编号、混凝土要求、混凝土用量、盖板材质、盖板数量、工艺要求、施工信息、运维管理信息、维护保养信息以及文档存放信息
	消防系统	干粉自动灭火系统	超细干粉自动灭火装置	G3	空间位置、高度、管径等尺寸信息以及定位信息	N4	名称、编号、装置类型、规格型号、喷头类型、充装量、启动方式、数量、安装技术要求、施工信息、运维管理信息、维护保养信息以及文档存放信息
		细水喷雾自动灭火系统	消防泵	G3	空间位置、长度、宽度、高度、接口管径等尺寸信息以及定位信息	N4	名称、编号、水泵类型、连接方式、材料要求、流量、扬程、数量、额定功率、工艺要求、施工信息、运维管理信息、维护保养信息以及文档存放信息
			管道、管件、管路附件	G3	空间位置、长度、公称直径、壁厚、坡度等尺寸信息及定位信息	N4	名称、编号、系统类型、材质、管线类别、压力等级、防腐措施、规格型号、连接方式、数量、工艺要求、施工信息、运维管理信息、维护保养信息以及文档存放信息
		手动灭火系统	干粉灭火器	G3	空间位置、高度、直径等尺寸信息以及定位信息	N4	名称、编号、灭火器类型、规格型号、工艺要求、施工信息、运维管理信息、维护保养信息以及文档存放信息
	支吊架系统	支吊架	成品支架、焊接支架、成品吊架、焊接吊架	G3	空间位置、长度、宽度、高度等尺寸信息及定位信息	N4	名称、编号、支架类型、材料要求、荷载大小、工艺要求、施工信息、运维管理信息、维护保养信息以及文档存放信息
	标识系统	标识系统	管廊介绍标识、警示标识、附属设施标识、里程标识、导向标识	G3	空间位置、宽度、高度、厚度等尺寸信息及定位信息	N4	名称、编号、标识类型、材料要求、标识数量、固定方式、标志内容、工艺要求、施工信息、运维管理信息、维护保养信息以及文档存放信息

续表

一级系统	二级系统	三级系统	模型单元	几何信息		属性信息	
				等级	内容	等级	内容
综合管廊工程	入廊管线	给水、再生水管道	给水、再生水管道、管件、阀门、仪表	G3	空间位置、长度、公称直径、壁厚、坡度等尺寸信息及定位信息	N4	名称、编号、系统类型、材质、管线类别、压力等级、防腐措施、规格型号、连接方式、数量、工艺要求、施工信息、运维管理信息、维护保养信息以及文档存放信息
			支吊架、支墩	G3	空间位置、长度、宽度、高度等尺寸信息及定位信息	N4	名称、编号、支架类型、材料要求、材料用量、荷载要求、机械性能、支架数量、安装技术要求、施工信息、运维管理信息、维护保养信息以及文档存放信息
		直饮水管道	直饮水管道、管件、阀门、仪表	G3	空间位置、长度、公称直径、壁厚、坡度等尺寸信息及定位信息	N4	名称、编号、系统类型、材质、管线类别、压力等级、防腐措施、规格型号、连接方式、数量、工艺要求、施工信息、运维管理信息、维护保养信息以及文档存放信息
			支吊架、支墩	G3	空间位置、长度、宽度、高度等尺寸信息及定位信息	N4	名称、编号、支架类型、材料要求、材料用量、荷载要求、机械性能、支架数量、安装技术要求、施工信息、运维管理信息、维护保养信息以及文档存放信息
		雨水管道	雨水管道、附属设施管件、管件、阀门、仪表	G3	空间位置、长度、公称直径、壁厚、坡度等尺寸信息及定位信息	N4	名称、编号、系统类型、材质、管线类别、压力等级、防腐措施、规格型号、连接方式、数量、工艺要求、施工信息、运维管理信息、维护保养信息以及文档存放信息
			支吊架、支墩	G3	空间位置、长度、宽度、高度等尺寸信息及定位信息	N4	名称、编号、支架类型、材料要求、材料用量、荷载要求、机械性能、支架数量、安装技术要求、施工信息、运维管理信息、维护保养信息以及文档存放信息
			排污设备、排水设备、附属设施	G3	空间位置、长度、宽度、高度等尺寸信息及定位信息	N4	名称、编号、设备类型、性能参数、规格信息、设备数量、额定功率、工艺要求、施工信息、运维管理信息、维护保养信息以及文档存放信息

一级系统	二级系统	三级系统	模型单元	几何信息		属性信息	
				等级	内容	等级	内容
综合管廊工程	入廊管线	污水管道	污水管道、管件、阀门、仪表	G3	空间位置、长度、公称直径、壁厚、坡度等尺寸信息及定位信息	N4	名称、编号、系统类型、材质、管线类别、压力等级、防腐措施、规格型号、连接方式、数量、工艺要求、施工信息、运维管理信息、维护保养信息以及文档存放信息
			支吊架、支墩	G3	空间位置、长度、宽度、高度等尺寸信息及定位信息	N4	名称、编号、支架类型、材料要求、材料用量、荷载要求、机械性能、支架数量、安装技术要求、施工信息、运维管理信息、维护保养信息以及文档存放信息
			排污设备、附属设施	G3	空间位置、长度、宽度、高度等尺寸信息及定位信息	N4	名称、编号、设备类型、性能参数、规格信息、设备数量、额定功率、工艺要求、施工信息、运维管理信息、维护保养信息以及文档存放信息
		热力管道	热力管道、管件、阀门、仪表	G3	空间位置、长度、公称直径、壁厚、坡度等尺寸信息及定位信息	N4	名称、编号、材质、管线类别、压力等级、焊接要求、严密性试验要求、耐久性要求、规格型号、连接方式、材料要求、数量、工艺要求、施工信息、运维管理信息、维护保养信息以及文档存放信息
			支吊架	G3	空间位置、长度、宽度、高度等尺寸信息及定位信息	N4	名称、编号、支架类型、材料要求、材料用量、荷载要求、机械性能、支架数量、安装技术要求、施工信息、运维管理信息、维护保养信息以及文档存放信息
		天然气管道	管道、管件、阀门、仪表	G3	空间位置、长度、公称直径、壁厚、坡度等尺寸信息及定位信息	N4	名称、编号、材质、管线类别、压力等级、焊接要求、严密性试验要求、耐久性要求、规格型号、连接方式、材料要求、数量、工艺要求、施工信息、运维管理信息、维护保养信息以及文档存放信息
			支吊架、支墩	G3	空间位置、长度、宽度、高度等尺寸信息及定位信息	N4	名称、编号、支架类型、材料要求、材料用量、荷载要求、机械性能、支架数量、安装技术要求、施工信息、运维管理信息、维护保养信息以及文档存放信息

续表

一级系统	二级系统	三级系统	模型单元	几何信息		属性信息	
				等级	内容	等级	内容
综合管廊工程	入廊管线	电力电缆	电力电缆、电力电缆配件、电力电缆桥架、电力电缆桥架配件	G3	安装位置、安装高度、截面尺寸、长度等尺寸信息以及定位信息	N4	名称、编号、管线及配件类型、规格型号、材料要求、导电性能、荷载强度、耐久性要求、接地形式、数量、安装技术要求、施工信息、运维管理信息、维护保养信息以及文档存放信息等
			支吊架	G3	空间位置、长度、宽度、高度等尺寸信息及定位信息	N4	名称、编号、支架类型、材料要求、材料用量、荷载要求、机械性能、支架数量、安装技术要求、施工信息、运维管理信息、维护保养信息以及文档存放信息
			变压器、配电箱	G3	长度、宽度、高度等尺寸信息以及定位信息	N4	名称、编号、类型、规格型号、材料要求、能耗级别、额定容量、防护等级、防腐措施、设备容量、计算电流、数量、安装技术要求、施工信息、运维管理信息、维护保养信息以及文档存放信息
		通信线缆	线缆配件、线缆桥架、线缆桥架配件	G3	安装位置、标高、长度、宽度、高度等尺寸信息及定位信息	N4	名称、编号、桥架及配件形式、材料要求、材料用量、荷载强度、耐久性要求、接地形式、安装技术要求、施工信息、运维管理信息、维护保养信息以及文档存放信息
			支吊架	G3	空间位置、长度、宽度、高度等尺寸信息及定位信息	N4	名称、编号、支架类型、材料要求、材料用量、荷载要求、机械性能、支架数量、安装技术要求、施工信息、运维管理信息、维护保养信息以及文档存放信息

附录B 预制管廊接头防水试验记录表

工程名称				试验日期	
桩号及地段					
结构材料	结构尺寸（mm）		接口类型		试验段长度（m）
工作压力（MPa）	试验压力（MPa）		5min 降压值（MPa）		允许渗水量 ［L/（min·m）］

	次数	达到试验压力的时间	恒压时间	恒压时间	恒压时间内补入的水量 W（L）	实测渗水量 q ［L/（min·m）］
渗水测定记录	1					
	2					
	3					
	4					
	5					
外观						
评语						

施工单位：　　　　　　　　　　　　　　　　　　试验负责人：

监理单位：　　　　　　　　　　　　　　　　　　设计单位：

建设单位：　　　　　　　　　　　　　　　　　　记录员：

附录C 综合管廊分部、分项工程和检验批划分表

综合管廊分部、分项工程和检验批划分表 附录 C.0.1

单位工程	子单位工程	分部工程	子分部工程	分项工程	检验批
综合管廊工程	土建结构	地基与基础	基坑支护	灌注桩排桩围护墙、板桩围护墙、咬合桩围护墙、型钢水泥土搅拌墙、土钉墙、水泥土重力式挡墙、内支撑、锚杆（索）	按施工段（≤200m）
			土方工程	土方开挖、土方回填	
			地基处理	砂和砂石地基、水泥土搅拌桩地基、注浆地基、水泥粉煤灰碎石桩地基	
		节段预制管廊主体结构	预制	模具制作安装、钢筋加工安装、混凝土浇筑	每构件
			装配	预制构件安装、预制构件连接	相邻沉降缝之间的管段，且≤10个节段
		叠合预制管廊主体结构	预制	模具制作安装、钢筋加工安装、混凝土浇筑	同工班、同类型每10个构件
			装配	预制构件安装、钢筋制作、模板安装、混凝土浇筑、预制构件连接	相邻沉降缝之间的管段，且≤30m
		分块预制管廊主体结构	预制	模具制作安装、钢筋及预埋件加工安装、混凝土浇筑、开模起吊存放	同工班、同类型每10个构件
			装配	预制构件安装、预制构件连接、钢筋制安、模板安装、混凝土浇筑	相邻沉降缝之间的管段，且≤30m
		防水工程	防水工程	卷材防水层、涂料防水层、细部防水构造、水泥砂浆防水层、防水保护层	每100m
		附属构筑物	附属构筑物	检查井、人员出入口、逃生口、吊装口、进风口、排风口	每类构筑物（不多于10个）

注：本表格不涉及综合管廊的消防、通风、供电、照明等附属设施的施工及验收。

附录D 质量验收记录

D.0.1 检验批的质量验收记录由施工项目专业质量检查员填写，专业监理工程师（建设项目专业技术负责人）组织施工项目专业质量检查员、工长等进行验收，并按表 D.0.1 记录。

检验批质量验收记录表　　　　　　　　　　　　　　表 D.0.1

编号：_____

工程名称		分部工程名称		分项工程名称	
施工单位		项目经理		专业工长	
检验批名称、部位					
专业分包单位		专业分包项目经理		施工班组长	

	质量验收规范规定的检查项目及验收标准	施工单位检查评定记录	监理（建设）单位验收记录
主控项目	1		
	2		
	3		
	4		
	5		合格率
	6		合格率

续表

一般项目	1			
	2			
	3			
	4			合格率
	5			合格率
	6			合格率
施工单位检查评定结果		工长（施工员）： 项目专业质量检查员：　　　　　　　年　　月　　日		
监理（建设）单位验收结论		专业监理工程师： （建设单位项目专业技术负责人）　　　　年　　月　　日		

D.0.2　分项工程质量应由专业监理工程师（建设项目专业技术负责人）组织施工项目专业技术负责人等进行验收，并按表 D.0.2 记录。

分项工程质量验收记录表　　　　　　　表 D.0.2

编号：_____

工程名称		分项工程名称		检验批数	
施工单位		项目经理		项目技术负责人	
专业分包单位		专业分包单位负责人		施工班组长	
序号	检验批名称、部位	施工单位检查评定结果	监理（建设）单位验收结论		
1					
2					
3					
4					
5					
6					
7					
8					
9					
10					
11					
12					
检查结论	施工员： 项目专业质量员： 年　月　日		验收结论	专业监理工程师： （建设项目专业技术负责人） 年　月　日	

D.0.3　分部（子分部）工程质量应由总监理工程师组织施工单位项目负责人和项目技术负责人以及有关单位的项目负责人进行验收，并按表 D.0.3 记录。

分部（子分部）工程质量验收记录表　　　表 D.0.3

编号：_____

工程名称				分部（子分部）工程名称	
施工单位		技术部门负责人		质量部门负责人	
专业分包单位		专业分包单位负责人		专业分包技术负责人	
序号	分项工程名称	检验批数	施工单位检查评定	验收意见	
1					
2					
3					
4					
5					
质量控制资料					
安全和功能检验（检测）报告					
观感质量验收					
验收单位	专业分包单位	项目经理：　　　　　　　　　　　　　年　月　日			
	施工单位	项目经理：　　　　　　　　　　　　　年　月　日			
	监理（建设）单位	总监理工程师（项目负责人专业技术负责人）：　　年　月　日			

参考文献

[1] 强健. 节段预制拼装技术在综合管廊工程中的应用研究 [J]. 特种结构, 2021, 38 （1）: 20–26.

[2] 黄剑. 预制拼装综合管廊研究和建设进展 [J]. 特种结构. 2018, 35 （1）: 1–11.

[3] 强健, 王恒栋, 祁峰. 综合管廊的区间设计 [J]. 隧道建设（中英文）, 2019, 39 （9）: 1480–1485.

[4] 中华人民共和国住房和城乡建设部. JGJ 1—2014 装配式混凝土结构技术规程 [S]. 北京: 中国建筑工业出版社, 2014.

[5] 中华人民共和国住房和城乡建设部. GB 50108—2008 地下工程防水技术规范 [S]. 北京: 中国计划出版社, 2009.

[6] 中华人民共和国住房和城乡建设部. GB 50838—2015 城市综合管廊工程技术规范 [S]. 北京: 中国计划出版社, 2015.

[7] 薛伟辰, 王恒栋, 胡翔. CECS 标准《预制拼装综合管廊结构设计规程》编制简介 [J]. 特种结构, 2021, 38 （3）: 107–111.

[8] 上海市住房和城乡建设管理委员会. DG/T J08—2266—2018 装配整体式叠合剪力墙结构技术规程 [S]. 上海: 同济大学出版社, 2020.

[9] 中华人民共和国住房和城乡建设部. GB/T 51231—2016 装配式混凝土建筑技术标准 [S]. 北京: 中国建筑工业出版社, 2017.

[10] 宋琢, 张迪, 王贤鹏, 等. 装配式上下分体节段管廊的厂内生产钢模板设计研究 [J]. 特种结构, 2021, 38 （3）: 75–79.

[11] 广东省住房和城乡建设厅. DBJ/T 15—188—2020 城市综合管廊工程技术规程 [S]. 北京: 中国城市出版社, 2020.

[12] 广东省住房和城乡建设厅. DBJ/T 15—254—2023 装配式综合管廊施工及验收标准 [S]. 北京: 中国城市出版社, 2023.